KB154081

우리는
인공지능과 함께할 수 있을까?

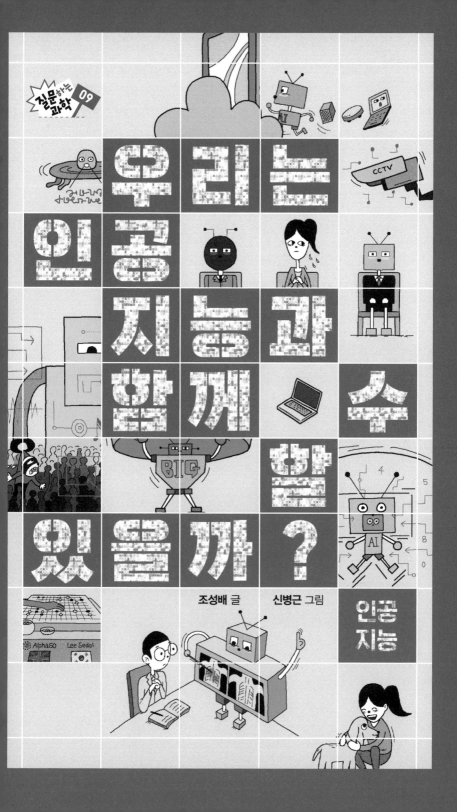

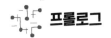

'거인의 어깨 위에 선 난쟁이'는 잘 알려져 있다시피 아이작 뉴턴이 쓴 편지에 나오는 말입니다. 우리는 거인의 어깨 위에 있는 난쟁이와 같아서 거인보다 더 멀리 있는 사물을 볼 수 있는데, 이건 다 거인의 거대한 몸집이 우리를 높이 들어 올려 주었기 때문이란 거지요. 선인들의 지혜 덕분에 더 높은 시각에서 세상을 볼 수 있다는 말입니다. 그런데 지금 우리 앞에 지금까지 보지 못한 엄청난 거인이 등장했습니다. 바로 인공지능입니다.

얼마 전까지만 해도 공상 과학 영화에나 등장하던 인공지능이 생활 속의 친숙한 존재가 되었습니다. 연일 방송과 뉴스에서 인간보다 사물을 잘 인식할 뿐만 아니라 심지어 소설과 가짜 영상을 만들어 내는 놀라운 모습으로 소개되고 있지요. 우리가 꿈꾸던 미래가 펼쳐질 것이라 기대도 되지만, 한편으로는 인간이 정말 기계에 지배당하는 디스토피아가 실현되지 않을까 걱정이 되기도 합니다. 인공지능의 결말은 어느 쪽이 될까요?

실체를 모르는 대상은 두렵기 마련입니다. 혹시 눈을 가리고 속이 보이지 않는 상자 안에 어떤 물건이 있는지 손의 감각만으로 맞히는 놀이를 해 본 적이 있나요? 부족한 정보로 어떤 물건인지 알아내려면 알고 있는 지식과 감각을 최대한 활용해야 합니다. 그러다 보면 엉뚱한 상상을 해서 실체와는 거리가 먼 답을 내놓기 일쑤이지요. 주변에 난무하는 수많은 인공지능 이야기의 진실이 무엇이고, 그로부터 어떻게 대처해야 하는지 궁금하지 않나요?

이 책은 인공지능에 대해 모두가 궁금해하는 40개의 질문을 여섯 개의 장으로 묶어서 그 답을 찾고자 합니다. 인공지능의 정의(1장)에서 시작해서 데이터로 인공지능을 만드는 기계학습의 원리(2장)를 설명합니다. 딥러닝 같은 요즘의 인공지능을 위해서는 데이터가 중요하기 때문에 빅데이터(3장)에 대한 궁금증을 풀어 보고, 궁극적으로 4차 산업 혁명(4장)에서 인공지능이 어떤 역할을 하는지 알아봅니다. 이를 바탕으로 인공지능의 현재(5장)를 돌아보고 미래(6장)에 어떤 식으로 전개될지 살펴봅니다. 그러면서 왜 게임을 잘하는 인공지능이 많을까, 인공지능 스피커는 어떻게 내 말을 알아들을까, 인공지능도 감정이 있을까, 인간은 결국 인공지능에 지배당할까와 같은 질문의 답을 찾아 나갑니다.

바야흐로 인공지능의 시대가 도래하고 있습니다. 이 거대한 물줄기는 연구실과 학교를 넘어 산업체로 흘러가고, 사회 곳곳으로 퍼지고 있습니다. 막연한 두려움으로 피할 수 없다면 우리는 무엇을 해야 할까요? 더욱이 아직 미지의 영역이 훨씬 더 큰 지능을 만들겠다는 인공지능은 필연적으로 부풀려지거나 오해를 일으킬 소지가 많습니다. 하지만 딥러닝을 비롯한 요즘 인공지능은 기본 원리만 잘 이해한다면 손쉽게 익히고 심지어 스스로 만들어 볼 수도 있습니다. 인공지능 플랫폼상에서 모두 공개되고 있어서 적절한 데이터만 준비된다면 바로 시작해 볼 수도 있습니다.

이를 잘 활용하려면 컴퓨터 코딩 능력이 있어야 합니다. 국어, 영어, 수학도 공부하기 벅찬데 프로그래밍까지 배워야 한다니 갑갑하지요. 그런데 우리가 수학을 공부하는 이유가 꼭 수학자가 되기 위한 것이 아닌 것처럼 컴퓨터 코딩 능력을 갖추는 것은 인공지능 시대의 현대인이 갖춰야 하는 기본 소양이 될 것입니다. 아날로그 세상이 디지털로 바뀌면서 경험하고 있는 급속한 변화를 선도하기 위해서는 문제를 해결하는 논리적인 절차를 세우는 능력이 필수적입니다.

어렵다고 생각하지 말고 파이썬 언어라도 한번 배워 보기 바랍니다. 공개된 대부분의 인공지능은 이 언어로 작성되었는데, 사진을 인식하는 인공지능도 몇십 줄 정도의 프로그램이면 충분합니다. 컴퓨터와 인공지능 플랫폼을 이용한다면 여러분의 창의력으로 무엇이든 가능할 것입니다. 부디 인공지능이라는 거인의 어깨에 올라서서 더 넓은 세상을 바라보는 데 이 책이 조금이나마 도움이 되길 바랍니다.

2021년 초겨울 신촌 연구실에서

조성배

 **차례**

프롤로그 **4**

1장
인공지능은 어떻게 가능할까?

1 인공지능은 로봇을 뜻하는 걸까? **14**

2 언제부터 기계에 지능을 넣기 시작했을까? **19**

3 기계가 지능이 있는지 어떻게 알까? **24**

4 왜 게임을 잘하는 인공지능이 유난히 많을까? **29**

5 알파고는 어떻게 인간보다 바둑을 잘 둘까? **33**

6 인공지능이 어려운 퀴즈도 잘 푼다고? **38**

7 아프면 의사를 찾을까, 인공지능을 찾을까? **43**

인공지능 장난감 **48**

2장
기계가 학습을 한다고?

8 기계가 배운다는 게 도대체 무슨 뜻일까? **52**

9 기계는 스스로 배울 수 있을까? **57**

10 시험을 보기도 전에 내 성적을 맞히는 인공지능이 있다고? **62**

11 인공지능은 고양이 사진을 가려낼 수 있을까? **67**

12 CCTV에서 범인을 찾는 인공지능이 있다고? **72**

13 인공지능 스피커는 어떻게 내 말을 알아들을까? **77**

14 인공지능은 어떻게 외국어를 번역할까? **81**

　인공지능 청소기 **86**

3장
빅데이터가 뭘까?

15 왜 빅데이터라고 할까? **90**

16 빅데이터의 3V는 무엇일까? **95**

17 기계학습으로 데이터를 어떻게 분석할까? **99**

18 빅데이터는 결국 빅브라더가 될까? **104**

19. 빅데이터로 얻은 결과를 믿어도 될까? **109**

　인공지능 스포츠 데이터 분석 **114**

4장

인공지능과 4차 산업 혁명은 어떤 관계일까?

20 왜 4차 산업 혁명이라고 할까? **118**

21 사물 인터넷이 중요하다고? **123**

22 인공지능은 4차 산업 혁명에서 어떤 역할을 할까? **128**

23 스마트 공장은 무엇이 다를까? **133**

24 완전한 무인 자동차 시대가 올까? **139**

25 4차 산업 혁명은 모두를 좋아지게 할까? **144**

5장

인공지능, 뭐가 더 궁금해?

26 인공지능에도 감정이 있을까? **150**

27 인공지능은 멋진 독후감을 쓸 수 있을까? **155**

28 인공지능이 고흐를 되살려 낸다고? **159**

29 인공지능 화가의 그림이 5억이라고? **164**

30 지금 보고 있는 동영상이 가짜라고? **168**

31 인공지능은 어떻게 빨래를 할까? **173**

32 인공지능은 편견을 부추길까? **178**

33 반려동물보다 인공지능 로봇이 나을까? **183**

 인공지능 기자 **188**

6장
우리는 인공지능과 함께할 수 있을까?

34 인공지능이 계속 진화하면 어떤 일이 생길까? **192**

35 인공지능이 내 일자리를 없앨까? **196**

36 인공지능은 왜 흑인을 범인으로 판정하기 쉬울까? **200**

37 챗봇은 왜 혐오주의자가 되었을까? **205**

38 인공지능 판사의 판결에 따를 수 있을까? **210**

39 우리나라의 인공지능은 몇 등이나 할까? **215**

40 2045년이면 인공지능이 인간을 지배하게 될까? **220**

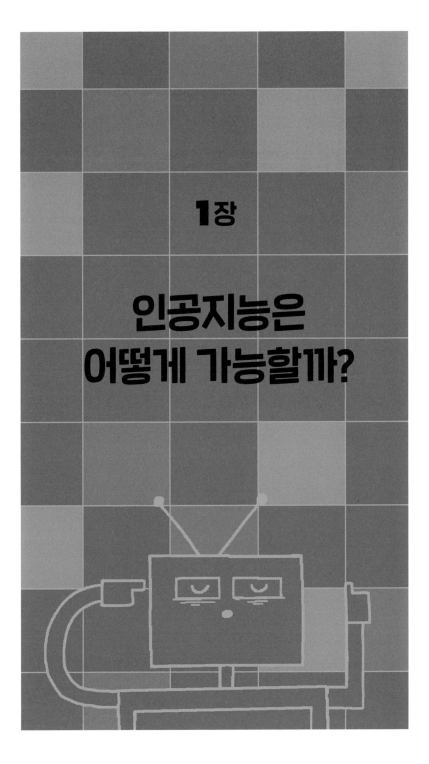

1장

인공지능은
어떻게 가능할까?

1

인공지능은 로봇을 뜻하는 걸까?

사람처럼 생각하고 움직이는 로봇은 모두의 꿈입니다. 어려서부터 만화나 영화에서 재미나게 봐 왔던 트랜스포머나 로보카 폴리가 실제로 나타난다면 정말 신나겠지요. 그런데 이런 로봇이 인공지능일까요? 최근에 사람보다 더 뛰어난 인공지능이 등장하고 있다는데 오랫동안 꿈꿔 온 로봇을 이제 만나게 되는 건가요?

'로봇'은 1921년 체코의 극작가가 소설에서 처음으로 사용한 말로, 외부 환경을 인식하고 스스로 상황을 판단해서 자율적으로 움직이는 기계를 뜻합니다. 사실 로봇은 주로 공장에서 사람이 하기 힘든 일을 대신해 주는 기계여서 꼭 사람의 모습이어야 할 필요는 없지만, 기왕이면 사람처럼 계단을 오르내리거나 사람과 대화가 가능하면 더 좋겠지요. 혼다사의 아시모나 소프트뱅크사의 페퍼와 같은 로봇은 계단을 오르내리고, 사람과 대화를 합니다. 보스턴 다이나믹스사에서 선보인 로봇 아틀라스의 움직임은 정말 놀랍습니다. 하지만 아직까지는 만화에서 보는 로봇과는 차이가 크지요.

그럼 '인공지능'은 무엇일까요? 인공지능은 컴퓨터를 이용해서 지능이 하는 행동을 만드는 기술입니다. 인간형 로봇처럼 사람의 모습을 한 기계로 만들면 좋겠지만, 로봇으로 만들어진 것만 인공지능이라고 하지는 않습니다. 껍데기는 로봇의 형태가 아니라도 컴퓨터나 스마트폰, 심지어 냉장고나 스피커라도 지능을 가지고 기능을 하면 모두 인공지능입니다. 사실 공장의 자동차 조립용 로봇이나 가정의 청소 로봇은 물론이고, 인간이 감당하기 어려운 방사능 오염 지역이나 화재 지역에서 작업하는 로봇도 군이 지능이 없더라도 충분히 쓸 만합니다. 이런 로봇도 완벽하게 만들기 어려운데, 하물며 그 원리를 잘 알지 못하는 지능을 가진 로봇은 만들기 더욱 힘들겠지요.

》 고차원적인 지능에는 《
아직 못 미쳐

그럼 지능은 뭘까요? 지능은 새로운 사물 현상에 대해서 그 의미를 이해하고 처리하는 방법을 알아내는 지적 활동 능력입니다. 쉽게 말하면 보고, 듣고, 만져서 느끼는 지각이나 알고 있는 지식을 이용해 상황을 판단하고 새로운 사실을 학습하는 것입니다. 더 나아가 이를 바탕으로 합리적인 의사 결정을 하는 것이지요. 그렇다면 혹시 인간의 지능과 같은 기능을 하는 인공지능은 도대체 뭘까요? TV나 신문에서는 여러 가지 인공지능을 보도하면서 마치 인간 같은 의식을 가진 것처럼 의인화하기도 합니다.

하지만 대부분은 우리가 기대하는 수준과 상당히 차이가 납니다. 자율 주행 자동차는 카메라로 찍은 사진을 자동으로 인식해서 장애물인지 판단하고 운전에 필요한 적절한 의사 결정을 하는 것으로 소개되지만, 사실 인간처럼 자율적으로 의식을 갖고 하는 행위는 아니지요. 오래전부터 신경 과학과 인지 과학 분야에서 인간의 지능을 과학적으로 이해하려고 노력해 왔지만, 아직 지능을 만들 수 있을 정도로 지능의 본질을 알아내지는 못했습니다. 눈이나 귀로 보고 듣는 지능의 원리는 일부 밝혀냈지만, 의사 결정이나 동기, 의식과 같은 고차원적인 지능은 아직도 초보적인 수준입니다. 지금은 지능의 설계도가 완성되지 않은 상태에서 자율 주행 자동차를 만들고 있는 것입니다. 인공지능을 만든다는 게 얼마나 어려운 일인지 알 수 있겠지요.

》 지능의 일부 기능을 《
흉내 내는 인공지능

그렇다면 구글의 인공지능 바둑 프로그램 알파고처럼 사람보다 뛰어난 인공지능은 어떻게 된 걸까요? 지능의 본질을 파악하려고 노력하는 중에 인식이나 추론, 학습 같은 지능적 행위를 모방하는 방법을 여러 개 만들 수 있었습니다. 물체를 인식하는 것은 확률을 이용해서 시도하고, 여러 사실로부터 새로운 내용을 추론하는 것은 논리로 모방하고, 다양한 선택지에서 최상의 것을 결정하는 것은 가능한 조합의 탐색으로 흉내 냈습니다. 처음에는 단순한 문제에 대한 가능성을 따져 보는 정도였지만, 최근에는 컴퓨터 기술이 발전함에 따라 알파고처럼 인간과 바둑을 두어 거의 이길 만큼 좋은 성과를 내는 사례가 늘고 있습니다.

엄밀하게 말하자면 지능 자체를 그대로 재현하지는 못했지만, 인간이 지능으로 하는 기능을 다양한 방법으로 흉내 내어 만든 기술이 인공지능입니다. 지능의 전체가 아니더라도 그 기능을 잘 만들면 자동화나 문제 해결, 계획 수립 같은 실제 문제에서 유용할 수 있습니다. 지금 우리가 매스컴을 통해 접하는 거의 모든 인공지능은 이처럼 지능을 모방해서 공학적으로 실제 문제를 해결하는 것입니다. 이렇게 해서라도 인간의 지능을 뛰어넘는 성능을 낼 수 있다면 우리의 생활에 커다란 영향을 끼칠 것입니다.

언제부터 기계에 지능을 넣기 시작했을까?

요즘 인공지능이 들어간 제품을 심심치 않게 볼 수 있습니다. TV 나 냉장고와 같은 가전제품을 필두로 모든 기계에 지능이 들어가는 것은 시간 문제로 보입니다. 그런데 도대체 언제부터 기계에 지능을 넣으려고 생각했을까요?

공식적으로 인공지능이란 말이 등장한 것은 1956년의 여름입니다. 미국의 다트머스대학에서 10여 명의 학자들이 모여 지능을 갖는 기계를 만들고자 하는 회의를 했습니다. 여기에서 존 매카시가 제시한 용어가 인공지능입니다.

물론 인간의 지적 능력을 모방하는 기계는 훨씬 오래전부터 시도되어 왔습니다. 컴퓨터는 인간의 기억과 계산을 흉내 내는 대표적인 기계입니다. 당시는 최초의 컴퓨터가 나온 이후 10여 년이 지난 시기로, 인간처럼 추론해서 문제를 해결하는 기계도 곧 만들 수 있으리라는 기대가 컸습니다.

이 회의에 참석한 공학자들은 인공지능의 가능성에 대해서 확신했습니다. 앨런 뉴웰과 허버트 사이먼은 체스 세계 챔피언을 능가하는 컴퓨터가 가능하리라 예상했습니다. 체스를 잘 두려면 궁극의 지능이 필요했기 때문에 매우 과감한 언사였지요. 특히 허버트 사이먼은 20년 이내에 사람이 할 수 있는 모든 일을 기계가 할 수 있을 것이라 확신했습니다. 그 당시에는 금방이라도 뭔가 만들어질 것 같은 분위기였지만, 돌아보면 지능의 본질을 잘 알지 못해 갖게 된 과도한 자신감이 아니었나 생각됩니다.

초기에 인공지능을 만드는 접근법은 인간의 지식을 잘 표현하고 효율적으로 탐색하는 것이었습니다. 책상이나 자동차 같은 사물을 기호로 표현하고 그 관계를 이용하여 추론하거나, 다양한 경우의 수를 늘어놓고 적절한 답을 찾아내는 식이었습니다. 이때 실제 상황에서 사용하려면 지능의 본질 이외에도 다뤄야 할 사항

인공지능은 어떻게 가능할까?

이 너무 많아서 문제를 블록으로만 구성한 것 같은 단순한 환경에서 해결하려고 했습니다. 그 당시에는 단순한 문제에서라도 문제 해결 방식이 얻어지면 현실적인 문제를 해결하는 데 쉽게 적용할 수 있다고 생각했습니다.

》 인공지능 연구에 불어닥친 《
두 번의 겨울

하지만 이런 방법으로는 쓸 만한 음성 인식 인공지능을 만들 수 없었고, 군사용 탱크도 자율적으로 운행하는 것이 불가능했습니다. 또한 인공지능이 복잡한 문제에서 무용지물임이 밝혀지면서 여기저기에서 이 연구에 대한 회의적인 보고가 발표되었습니다. 1969년에는 목표가 불확실한 기초 연구의 지원이 중단되었고, 1973년에는 인공지능이 실제 세계의 복잡한 문제를 해결할 수 없다는 '라이트힐 보고서'가 발표되었습니다. 이후 인공지능 연구는 초기의 열기가 무색하리만큼 급속도로 얼어붙어, 소위 인공지능의 첫 번째 겨울을 맞게 되었습니다.

첫 번째 실패를 극복하기 위해 구현하기 너무 어려운 일반적인 지능은 포기하고, 실용적으로 사용할 수 있는 것을 만들고자 했습니다. 바로 전문가 시스템입니다. 이것은 특정 분야의 인간이 가지고 있는 전문 지식을 잘 정리해서 컴퓨터에 저장하여 주어진 분야에서 필요한 지식을 이용할 수 있도록 하는 시스템입니다. 예를 들면 화학자가 분자 구조를 파악하는 데 필요한 지식을 잘 정리해서 물질의 분자 구조를 자동으로 알아낸다든지, 의학과 관련한 전문 지식을 저장하여 인간 의사 못지않게 전염성 혈액 질환을 잘 진단하고 처방할 수 있음을 보여 주었습니다.

그러나 이 방법도 한계에 봉착했습니다. 전문가 시스템이 제대로 작동하기 위해서는 필요한 지식을 잘 저장해야 하는데, 문제가 확대되고 복잡해짐에 따라서 엄청나게 다양한 지식을 직접 입력하고 관리하기 어려워졌습니다. 또한 맥락에 따라서 적합한 지식을 적용하는 데 어려움을 겪으면서 인공지능은 두 번째 겨울의 시대로 들어섰습니다.

》 기계가 학습하는 《 딥러닝 전성시대

인공지능은 한동안 세간의 관심 밖으로 밀려났지만 세상은 꾸준히 발전했습니다. 인터넷을 통해 수많은 데이터를 손쉽게 얻을 수 있게 되고, 컴퓨터의 성능이 엄청나게 발전하여 방대한 데이터를 빠르게 처리할 수 있게 되었습니다. 이를 이용하여 지식을 사람이 일일이 넣어 주는 대신에 데이터로부터 자동으로 습득하는 '기계학습' 기술이 서서히 보급되었습니다.

최근에는 '딥러닝'이라는 기계학습 방법을 기반으로 하는 인공지능이 인간을 뛰어넘는 경우가 늘어나면서 인공지능에 대한 관심이 폭발적으로 커지고 있습니다. 딥러닝은 다수의 층으로 구성된 인공 신경망을 데이터로 학습시키는 방법입니다. 최근에는

인공지능은 어떻게 가능할까?

인공지능과 같은 말로 사용될 만큼 주목을 받고 있습니다. 과연 딥러닝이 궁극의 인공지능을 완성하는 필살기가 될 수 있을까요?

3

기계에 지능이 있는지 어떻게 알까?

"아리야, 음악 좀 틀어 줘", "헬로 구글, 내일의 날씨는 어때?"라고 물어보면 인공지능 스피커는 알아서 척척 대답해 줍니다. 그런데 조금 사용하다 보면 엉뚱한 대답도 하고 아무래도 사람과 이야기하는 것과는 달라서 실망하기도 합니다. 인공지능의 수준은 어떻게 알 수 있을까요? 혹시 기계에 지능이 있는지를 알려 주는 IQ 테스트 같은 것이 있나요?

보통 똑똑한 사람은 지능이 높다고 이야기하는데 사실 지능이 무엇인지 한마디로 정의하기 어렵습니다. 흔히 추상적인 사고나 판단, 추리를 할 수 있는 정신 능력으로, 새로운 상황이나 문제에 적응하는 학습 능력을 뜻하기도 합니다. 보통 IQ 테스트라고 부르는 지능 테스트는 1916년 루이스 터번이라는 심리학자가 창안한 것으로, 주로 사용하는 웩슬러 검사는 40점에서 160점 사이로 측정합니다. 10여 개의 검사로 언어 이해, 지각 추론, 작업 기억, 처리 속도를 봅니다. 결과가 수치로 나와서 우열을 가리는 척도로 생각하기 쉽지만, 이것이 지능을 정확하게 측정하는지는 논란의 여지가 있습니다. 그만큼 지능이란 것이 애매합니다.

지능 그 자체를 엄밀하게 측정할 수 없다면, 지능은 그것을 가진 존재가 하는 행위를 보고 판단할 수밖에 없을 것입니다. 앨런 튜링은 1950년에 발표한 논문에서 기계의 반응을 인간과 구별할 수 없다면 그 기계는 생각할 수 있는 것이라고 주장했습니다. 즉 관찰하는 사람에게 기계가 진짜 인간처럼 보이게 하는 데 성공한다면 확실히 '지능적'이라고 할 수 있다는 것입니다. 이것을 튜링 테스트라고 합니다.

》 지능의 유무를 판단하는 《
튜링 테스트

튜링 테스트를 위해서는 두 개의 방이 필요합니다. 한 방에는 인공지능 시스템과 사람(A)을 넣고, 다른 한 방에는 관찰자(B)가 들어가 컴퓨터 화면을 통해 문자로만 대화하도록 합니다. 모습을 본다든가 목소리를 듣는다면 사고 능력 이외의 것으로도 구별할 수 있기 때문에 순수한 사고 능력의 판정을 위해서 문자로만 대화하도록 합니다. 인공지능과 A는 모두 사람이라는 주장을 펴도록 하는데, 관찰자 B가 대화하면서 어느 쪽이 사람인지 구별할 수 없다면 인공지능은 적어도 A만큼의 사고 능력을 갖추고 있다고 보는 것입니다.

기계가 지능이 있는지를 테스트하는 방법으로는 좀 어설퍼

인공지능은 어떻게 가능할까?

보이기도 하지만, 실제로 우리도 다른 사람의 지능을 그 사람이 한 행위로 판단하는 게 일반적입니다. 어떤 의미에서 지능은 그 자체라기보다는 제3자의 감정 이입에 의한 평가로 판단되는 것이니까요. 질문과 대답 내용을 바탕으로 관찰자가 상당히 높은 비율로 대화 상대방이 사람이라고 판단한다면, 그 기계가 생각하는 능력이 있다고 볼 수 있다는 것입니다. 그렇다면 이제까지 튜링 테스트를 통과한 인공지능이 있을까요?

》튜링 테스트를 통과한 《 인공지능이 있을까

사람인 것처럼 흉내 내는 것이 그리 어려워 보이지 않지만, 수많은 도전에도 불구하고 튜링 테스트를 통과하는 인공지능은 나타나지 않았습니다. 그러다가 2014년 튜링 사망 60주년 기념으로 열린 행사에서 한 인공지능이 테스트를 통과했다고 영국의 레딩 대학에서 발표했습니다. '유진 구스트만'이라는 슈퍼컴퓨터에서 돌아가는 '유진'이라는 프로그램으로, 5분간의 텍스트 대화를 통해 심사 위원 30명 중 33%인 10명에게 '유진은 진짜 인간'이라는 판정을 받았습니다. 튜링 테스트는 심사 위원 30% 이상이 인간과 대화한다고 판단하면 통과할 수 있습니다.

이 프로그램은 마치 우크라이나에 사는 13세 소년과 같은 설정으로 사람들과 대화를 나눕니다. 이런 설정을 한 것은 13세라는 나이를 고려하면 인공지능이 뭔가 모르는 것이 있더라도 충분히 납득할 수 있기 때문에 실제로 존재하는 것 같은 믿음을 줄 수 있었지요. 하지만 전체 대화 내용을 보면 보통 사람의 대화와는 좀 달랐습니다. 대화만 보고 판단하기 때문에 튜링 테스트를 통과했다고 반드시 그 기계가 이해하거나 생각하는 능력이 있다고 간주할 수는 없다는 반론도 있었습니다.

어쨌든 튜링 테스트는 상당히 구체적인 상황을 상정하고 있기 때문에 지능의 유무를 뜬구름 잡는 철학적 사변에 의존하는 데 그치지 않고 판단할 수 있는 기준을 제공합니다. 실제 테스트를 위해서는 적절한 시간 제한이나 사람의 판단 등 추가 기준을 정할 수도 있습니다. 즉 엄밀한 객관적 테스트는 아니기 때문에 기술의 발전과 철학적 관점의 변화에 따라 판단 기준이 적절히 바뀔 수 있는 것이지요. 지능의 본질을 명확히 이해하기 전까지 지능의 유무를 판단하는 방법은 한계를 가질 수밖에 없습니다.

4

왜 게임을 잘하는 인공지능이 유난히 많을까?

카트라이더나 리그오브레전드 게임을 하다 보면 시간 가는 줄 모르지요. 공부가 게임처럼 재미있으면 얼마나 좋을까요? 그런데 요즘 게임을 하는 인공지능이 많다고 합니다. 해결해야 할 문제도 많은데 인공지능은 왜 굳이 게임을 잘하려고 할까요?

게임을 잘하는 인공지능을 개발하려는 이유는 게임 사업을 위한 것만이 아닙니다. 인공지능 연구 초창기부터 현실적인 상황에서 인간과 같은 수준의 인공지능을 개발한다는 것이 너무 어려웠습니다. 지능의 본질인 사고 능력 이외에도 복잡한 외부 환경 같은 물리적인 제약을 해결해야 했기 때문입니다. 배보다 배꼽이 더 큰 현상이 발생한 것이지요. 그래서 몇몇 연구자는 마이크로월드, 또는 블록 단위의 세계 같은 인위적으로 만든 단순한 상황에서 추론하고 학습하는 인공지능 연구를 제안했습니다. 애매한 현실 세계가 아니라 평면 위 다양한 형태와 색상의 블록으로만 이루어진 세계에서 상황을 인식하고, 목표 상황을 만들기 위해서 해야 할 작업을 추론하는 인공지능을 만들려고 한 것입니다.

　게임은 기본적으로 이 같은 단순한 상황이 주어지기 때문에 매력적이지 않을 수 없었습니다. 3×3판에 ○와 ×로 빙고를 하는 틱-택-토(tic-tac-toe) 게임이라든지, 그림 맞추기 퍼즐 같은 단순한 게임을 해결하는 인공지능은 쉽게 개발했습니다. 1958년에 사이먼과 뉴웰은 10년 내에 컴퓨터가 체스 세계 챔피언을 이길 것이라 예상하기도 했습니다. 그렇게 되면 아마도 목표하는 인공지능을 만들기 위해서 필요한 대부분의 사실을 알게 되리라 생각했습니다. 실제로 체스는 지적 유희를 위해서 오랫동안 인간이 향유해 오던 게임으로 상당히 복잡하고 어렵습니다. 하지만 그 후로 부단히 노력했지만 체스 챔피언을 이기는 인공지능은 불가능에 가까운 벽이었습니다.

　　　　　　　　　　　　인공지능은 어떻게 가능할까?

» 체스 게임으로 «
지능의 본질을 밝힐 수 있을까

그러다가 1997년에 결국 세계 체스 챔피언인 게리 카스파로프를 이긴 인공지능이 등장했습니다. IBM이 만든 딥블루입니다. 딥블루는 다음에 둘 수를 결정하기 위해 가능한 모든 경우를 조사하기 때문에 엄청난 병렬 처리 컴퓨터가 필요했습니다. 1초당 2억 개의 위치를 계산해서 다음 수를 계산하는데, 12수 앞을 내다볼 수 있었습니다. 인간 챔피언이 보통 10수 앞을 내다본다고 하니 이미 이길 수 있는 조건을 갖추고 있던 셈이지요. 최종적으로 3.5대 2.5의 점수로 딥블루가 승리했습니다. 게임에 진 이후로 카스파로프는 그도 이해할 수 없는 기계의 창의성을 보았다고 했습니다.

그런데 초기 연구자들의 예상과 달리 체스 챔피언을 이기는 인공지능은 지능의 본질에 대해서 많은 것을 설명하지 못했습니다. 고도의 지적 능력이 필요하리라 생각했지만, 실제로는 엄청나게 빠른 컴퓨터와 체계적으로 경우의 수를 계산하는 방법으로 충분했던 것입니다. 물론 경우의 수를 효율적으로 계산하기 위해서 경험함수를 도입하여 실제로 따져 보지 않고 그다음의 경우의 수를 짐작하는 방법이 사용되었습니다. 하지만 여전히 고차원적인 사고 능력과는 거리가 먼 컴퓨터 알고리즘이었습니다.

》 바둑을 정복한 인공지능이 《
궁극의 인공지능이 될까

대부분의 보드게임은 이와 같은 방식으로 해결할 수 있었는데, 바둑은 오랫동안 난공불락의 게임이었습니다. 경우의 수가 10의 170제곱에 달한다고 하는데, 이게 얼마나 큰 수인지 감이 오나요? 우주 전체의 원자 개수도 10의 80제곱 정도라고 하니 바둑의 경우의 수가 엄청난 수인 것만은 틀림이 없습니다. 이런 문제에 단순히 경험함수에 의해 경우의 수를 따지는 방식으로는 인간 챔피언을 이길 수 없었습니다. 그러다가 2016년 구글의 인공지능 '알파고'가 바둑 기사 이세돌과의 대결에서 모두의 예상을 뒤엎고 승리했습니다. 기존 방식의 문제점을 해결하기 위해 딥러닝을 도입해서 훨씬 정확한 경우의 수 계산이 가능해진 것입니다.

이제 인공지능은 판이 정해져 있는 보드게임을 넘어서 실시간 전략 게임인 스타크래프트를 정복하고 있습니다. 구글 딥마인드의 '알파스타'는 온라인 대전 서비스 '배틀넷'에서 상위 0.2%에 해당하는 실력을 보여 주고 있다고 합니다. 이 인공지능은 프로게이머들이 훈련하듯 학습을 계속하고 있어서 이미 인간이 범접할 수 없는 실력을 갖추고 있습니다. 하지만 게임은 인공지능의 최종 목표는 아닙니다. 이를 토대로 뛰어난 인공지능을 개발하여 결국 현실 세계에서 제대로 작동하는 날이 오리라 기대합니다.

알파고는 어떻게 인간보다 바둑을 잘 둘까?

2016년에 모든 사람을 충격에 빠뜨린 사건이 있었습니다. 지금까지 인간의 전유물이라고 여겨졌던 바둑에서 인간 최고수를 이긴 인공지능 알파고가 등장한 것입니다. 모두 다섯 번의 대국에서 우리는 방심, 충격, 경악, 희망, 좌절이라는 감정을 느꼈고, 결국 인간이 1대 4로 패했습니다. 도대체 알파고는 어떻게 바둑을 두는 것일까요?

바둑은 검은 돌과 흰 돌로 나눠 가진 상대가 19개의 가로선과 세로선이 만나는 361개의 점에 번갈아서 한 번씩 돌을 놓는 게임입니다. 내가 놓은 돌들이 상대방 돌을 완전히 감싸 집을 만들면 그 내부의 상대방 돌을 따내 집을 키우는 것이 목적입니다. 승자는 집의 수가 더 많은 쪽이 되는 매우 단순한 게임이지만, 이기기 위해서는 다양한 전략과 직관이 필요합니다. 인간 고수들은 이미 알려진 좋은 전략을 토대로 앞 수를 예상하여 더 좋은 수를 찾는데, 이런 식으로 인공지능을 만들면 초보자에게는 통해도 고수들에게는 상대가 되지 않습니다. 그것은 인간이 활용하는 직관을 컴퓨터로 그대로 옮기기 어렵기 때문입니다.

》 바둑 인공지능의 기본은 《
경우의 수를 따지는 게임트리

이제까지 상당히 많은 인공지능 바둑 프로그램이 개발되었는데, 대부분은 경우의 수를 잘 따져서 가장 좋은 수를 선택하는 방식을 따릅니다. 이를 '게임트리'라고 하는데, 매번 자기 차례가 되었을 때 남은 지점 중에서 이길 가능성이 가장 높은 지점을 체계적으로 계산할 수 있습니다. 실제로 다음 수를 두기 전에 내가 둘 수 있는 모든 수를 나열한 다음 그 각각에 대해서 상대방이 둘 수 있는 수를 나열해 보고, 또 그 각각에 대해 내가 둘 수 있는 수를 나열해 보는 식으로 반복해서 최후에 내가 이기거나 지는 상태까지 모의실험을 해 봅니다. 이 실험에서 내가 이기는 경우의 수를 거꾸로 되짚어 보면 다음에 어디에 두는 것이 좋을지 결정됩니다.

매우 간단하지만 실제 사용하려면 문제가 있습니다. 바둑은 경우의 수가 많아서 시간이 너무 많이 소요됩니다. 처음이라면 다음 수를 결정하기 위해 361개(나)×360개(상대방)×359개(나)×… 식으로 많은 경우의 수를 따져 봐야 하니 얼핏 계산해도 바둑 두는 사람이 지루해지겠지요. 실제로는 우주의 원자 수보다 많은 경우의 수를 따져야 다음 수를 결정할 수 있기 때문에 주어진 시간 안에 다음 수를 결정해야 하는 바둑에서 인공지능을 사용하기엔 어려움이 있습니다. 그래서 인공지능을 만들 때 모든 경우의 수를 끝까지 계산하지 않고, 일부만 계산한 후 그 이후의 승률을 어림잡아 계산할 수 있는 경험함수를 사용합니다. 이 함수는 어떻게 만들까요? 대충 남은 지점의 검은 돌과 흰 돌의 비율로 더 많은 쪽이 이길 확률이 높다는 식으로 설정하는데 아무래도 정확하지는 않겠지요.

» 딥러닝과 강화 학습으로 « 개선이 가능해

알파고도 기본적으로는 이와 동일한 방식을 사용하는데, 이 경험함수를 사람이 작위적으로 만들지 않고 많은 양의 데이터를 통해 자동으로 만들었습니다. 처음에는 기존 프로 바둑 기사의 기보 16만 개를 사용해서 만들었는데, 일반적인 수학적 방법으로는 잘 안 되어서 딥러닝이라고 불리는 신경망을 사용했습니다. 16만 개의 기보 각각에 대해서 매 순간 바둑판의 모양에 대해 승패를 출력하는 함수를 만든 것입니다. 알파고는 이 함수를 이용해 실제 모든 경우의 수를 다 따지지 않고도 이길 가능성이 높은 다음 수를 결정할 수 있었습니다. 그런데 16만 기보가 충분히 바둑의 모든 경우의 수를 포함할까요?

좀 더 많은 기보를 사용할 수도 있었지만, 알파고는 자동으로 새로운 데이터를 만들어서 경험함수의 정확도를 높였습니다. 지금 갖고 있는 경험함수로 두 개의 알파고를 만들고, 각각 검은 돌과 흰 돌의 다음 수를 계산하도록 해서 게임을 했습니다. 그 결과 이긴 알파고의 경험함수를 올려주고, 진 알파고의 경험함수는 내려주는 식으로 하면서 계속해서 알파고의 성능을 향상시켰습니다. 이것을 '강화학습'이라고 합니다. 우리도 테니스나 탁구를 가르칠 때 정확하게 어떻게 쳐야 하는지는 가르치기 어렵지만, 잘 치면 잘했다 하고 못 치면 잘 못했다 하는 식으로 가르치는 방식을 사용하지요.

알파고는 2017년 5월에 바둑의 모든 고수를 물리치고 바둑계를 떠났습니다. 하지만 알파고처럼 방대한 경우의 수에서 최상의 선택을 하는 방식을 잘 활용하면 이와 유사한 의학 치료나 기후 예측, 금융 투자 등에서 인간 최고수의 직관을 뛰어넘는 인공지능이 가능합니다. 실제로 최근에 단백질의 3차원 구조를 예측하는 데 이 방법을 활용한 알파폴드가 발표되었습니다. 생물학 분야의 50년 난제가 해결된 것이라 노벨상을 수여해야 한다고까지 합니다. 인공지능은 이제 기초 과학 분야에서까지 인류의 난제를 해결해 주고 있습니다.

6

인공지능이 어려운 퀴즈도 잘 푼다고?

19세기 중반 주세페 도나티에 의해 발명된 관악기 오카리나는 이 탈리아어로 어떤 작은 새를 가리키는 말입니다. 이 새의 이름은 무엇일까요? 답은 작은 거위입니다. 답을 쉽게 맞혔나요? 〈1대100〉이나 〈도전! 골든벨〉 에는 흥미롭지만 머리가 좋아야 답을 맞힐 수 있는 골치 아픈 퀴즈가 나옵니 다. 이런 퀴즈를 인공지능도 풀 수 있을까요?

퀴즈 문제를 푸는 인공지능은 실현하기 어려운 것으로 알려져 왔습니다. 보통 심층 Q&A라고 해서 단순히 지식을 암기해서 답을 찾는 것이 아니라 풍부한 지식과 더불어 알고 있는 사실을 적재적소에 활용하고, 부족한 부분을 연관해서 찾아내는 능력이 있어야 합니다. 이를 해결하기 위해서는 상식을 이해하고 처리할 수 있어야 합니다. 인공지능은 전문적인 좁은 분야에서는 어느 정도 성과를 낼 수 있지만, 광범위한 상식을 추론하는 것은 어렵다고 알려져 있었습니다. 이런 고정관념을 깬 것이 IBM의 왓슨입니다.

IBM 왓슨은 2011년 미국의 퀴즈쇼인 〈제퍼디!〉에 출연해서 역대 최다 상금 수상자와 최장수 우승자를 이겼습니다. 이 퀴즈 대회는 세 명의 참가자가 여러 분야의 다양한 난이도 문제를 선택하여 맞히면 점수를 얻고 틀리면 빼앗기는 방식으로 진행됩니다. 왓슨은 게임 내내 자신과 경쟁하는 사람들을 계속 앞질렀지만 일부 단순한 문제는 오히려 정답을 찾지 못했습니다. 그래도 보편적인 지식을 묻는 문제에서도 인간 최고수를 이길 수 있다는 걸 보여 준 것으로 유명합니다.

》 퀴즈 정답 후보에 대한 《
적합도를 빠르게 계산해

퀴즈를 잘 풀려면 어떻게 해야 할까요? 우선 문제의 정답에 필요한 기본적인 지식과 상식을 알고 있어야 하겠지요. IBM 왓슨은 브리태니커나 위키피디아와 같은 백과사전의 모든 지식과 신문

사나 방송사의 인터넷 웹 문서에서 중요한 정보를 찾아 모두 저장했습니다. 요즘 컴퓨터의 저장 용량이 커서 많은 데이터를 저장하는 것은 어렵지 않지만, 문제의 정답이 될 만한 후보를 빠르게 찾기 위해서는 특별한 방식이 필요합니다. 사실과 관계를 의미망이라는 형식으로 저장하고, 문제가 나오면 그 정답이 포함된 문서의 후보를 1,000개 정도 골라냅니다. 그중 문제와 관련된 분야의 단서들을 이용하여 단계적으로 후보를 좁혀 나가 최종적으로 10개 정도의 후보를 적합도와 함께 계산합니다.

이러한 과정은 오랜 시간이 소요되기 때문에, 슈퍼컴퓨터를

인공지능은 어떻게 가능할까?

이용하여 속도를 높여서 3초 이내로 완수했습니다. 그리고 상대의 점수에 따라서 모험을 시도하기도 하고 다소 보수적으로 게임을 하는 등 인간이 게임을 하는 방식을 모방했습니다. 이를 통해 실제 퀴즈 대회에 나가 인간 챔피언들을 누르고 우승한 것입니다. 공개된 유튜브를 보면 마치 똑똑한 사람이 뒤에서 답을 찾으며 게임을 진행하는 것처럼 보이기까지 합니다. 실제 왓슨이 답을 내는 과정은 많은 자료에서 후보를 찾고 그중에서 가장 적합도가 높은 후보를 점수화하여 빠르게 선별하는 것인데 그 과정이 마치 지능이 높은 인간이 하는 것처럼 보인다는 게 신기합니다.

》 정답을 찾는 인공지능은 《 다양한 분야로 확장 가능해

IBM은 단순히 칭찬받으려고 퀴즈 대회에서 이기는 컴퓨터 프로그램을 만들었을까요? 그건 아니겠죠. 그럼 이렇게 질문에 대해서 심층적으로 답을 찾아 주는 프로그램은 어디에 활용하면 좋을까요? 이 프로그램을 처음 구매한 곳은 씨티은행의 콜센터였습니다. 대부분의 회사에서는 고객 상담을 위해 콜센터를 운영하는데, 고객의 질문에 적절히 답변하는 왓슨이 효과적이겠지요. 실제로 다양한 산업과 학문 분야에서 왓슨 같은 IBM의 블루믹스 플랫폼을 이용해 새로운 비즈니스를 시범 운영 및 배치하고 있습니다. 이제까지 의료, 유통, 금융, 법률 및 행정 등 전문 분야별로 왓슨이 개발되었는데, 각 분야에 맞는 데이터를 사용해야 보다 정확하게 학습시킬 수 있기 때문입니다.

인간처럼 정보를 수집, 저장해서 추론한 다음 유용한 정보를 추출해 평가하는 인공지능은 궁극적으로는 인간처럼 아이디어를 표현하고, 맥락에 맞게 조합하여 새로운 개념을 도출하는 데까지 발전할 수 있습니다. 질문의 답을 찾는 과정은 새로운 발견이나 통찰력을 도출하는 데 사용되어 복잡한 상황에서 의사 결정을 하는 데 커다란 역할을 할 것입니다.

7

아프면 의사를 찾을까, 인공지능을 찾을까?

인간은 누구나 아프지 않고 건강하게 오래 살기를 원합니다. 그럼에도 많은 사람이 가벼운 감기에서부터 심각한 암까지 걸려 병원 신세를 지게 됩니다. 그동안 병의 정확한 원인은 의사의 진단에 의존해 왔지만, 최근에는 인공지능이 의사보다 정확하게 병을 진단할 수 있다고 합니다. 이런 경우 여러분은 어느 쪽을 더 신뢰하겠습니까?

많은 학생이 아픈 사람을 고치는 의사가 되는 꿈을 꿉니다. 그러다 보니 요즘에 수능 시험에서 상위 1% 안에 들어야 의대를 갈 수 있고, 가서도 일반 대학보다 더 길게 6년을 공부합니다. 그리고 나서도 5년 동안 임상 수련의 과정을 거쳐야 합니다. 10년 넘게 공부를 하고도 계속해서 새로운 치료법과 임상 경험을 쌓아야 할 정도로 어려운 분야입니다. 그런데 요즘 의사들이 100년간 공부해야 할 내용을 단 5일 만에 학습할 수 있는 인공지능 의사가 등장하고 있습니다. 세계적인 조사 기관에 따르면 의료 분야에서 인공지능이 도입되는 비율이 높아져서 연간 50%의 성장이 예상된다고 합니다. 우리나라 병원에서도 인공지능을 도입하는 사례가 늘고 있습니다.

》 퀴즈를 푸는 방식으로 《
병에 대한 진단과 처방을 찾아

병원에 도입되는 대표적인 인공지능으로는 앞서 소개한 IBM 왓슨이 있습니다. 왓슨은 종양과 관련된 의학 학술지 300개, 의학서 200개 등 엄청난 분량의 의료 정보를 저장하고 있습니다. 왓슨에게 환자의 증상을 입력하면 마치 퀴즈를 풀듯이 그 증상에 가장 적합한 치료법을 제시합니다.

하지만 퀴즈에서는 틀려도 점수만 깎이지만, 의료 행위에서는 잘못된 답을 내면 큰 문제가 될 수 있기 때문에, 현재는 왓슨이 치료법을 제시하면 의사가 검토해 최종 진단과 치료법을 결정합

인공지능은 어떻게 가능할까?

니다. 인공지능을 이런 식의 보조 도구로 활용하더라도 큰 효과를 볼 수 있습니다. 왜냐하면 전 세계적으로 발표되는 의학 논문을 의사 한 사람이 모두 공부하는 것은 불가능하기 때문입니다.

또 다른 인공지능의 역할은 영상을 분석하는 것입니다. 사진을 인식해 어떤 내용인지 알아내는 인공지능을 환자의 의료 영상에 적용하는 것입니다. 병원에 가면 병의 정확한 진단을 위해 엑스레이에서부터 CT나 MRI 같은 다양한 사진을 찍게 됩니다. 의사도 판독하기 어려운 경우도 있고, 또 봐야 할 영상의 양이 너무 많습니다. 그런데 인공지능 판독기는 영상을 분석해서 각종 질환의 종류와 위치에 대한 소견을 밝힐 수 있습니다. 최근의 인공지능은 90% 이상 높은 정확도를 보이는 것도 많습니다. 하지만 이 경우에도 인공지능의 결과를 채택하기보다는 의사의 결정을 보조하는 도구로 널리 사용되고 있습니다.

》 인공지능 의사를 《
무한 신뢰할 수 있을까

이 정도로 정확한 인공지능이라면 믿고 따라도 되지 않을까요? 높은 비용을 지불하더라도 인공지능 의사의 진료를 받고 싶다는 사람도 있습니다. 최근에 환자들에게 인공지능과 의사 중 누구에게 치료받기를 원하는가를 물어봤습니다. 여러분은 뭐라고 답을 하겠습니까? 조사 결과 선호도가 거의 비슷했다고 합니다. 사람보다 인공지능이 정확한데도 의사를 선택한 이유는 무엇일까요?

우선 인공지능이 진단 결과에 대한 근거를 밝히지 못하기 때문입니다. 인공지능이 방대한 자료를 기반으로 정확한 진단을 내린다고는 하지만, 그 이유를 설명하지 못하는 경우가 많습니다. 인공지능이 내놓은 치료법이 잘못되었을 때 누가 책임을 져야 하는지도 애매합니다.

또한 인공지능 의사는 학습에 사용한 자료에 의존하기 때문에 진단 결과가 치우칠 수 있습니다. 예를 들면 인공지능이 미국 사람을 중심으로 얻어진 데이터를 기반으로 학습했다면 우리나라 환자들에게는 적합하지 않을 가능성이 있겠지요. 사실 의료 행위에는 단순히 인종적 특징만이 아니라 의료 기관, 진료 환경, 진료 장비 등도 영향을 끼칩니다. 어떤 경우에는 99%의 정확도를

이 환자의 흉부 X선을 관찰한 결과….

보이는 인공지능이 다른 경우에서는 정확도가 크게 떨어질 수 있다는 뜻입니다.

따라서 인공지능 의사가 특정한 분야에서 인간보다 더 정확하게 진단할 수 있다 하더라도, 최종적인 결정은 인간 의사가 내려야 할 것 같습니다. 인간의 생명을 다루는 민감한 분야에서는 발생할 수 있는 문제에 대해 책임 소재를 가리는 것이 중요하기 때문입니다. 최근에는 질병을 진단하는 인공지능을 넘어 일상에서 사용자의 혈압과 스트레스를 측정해서 건강을 유지할 수 있도록 돕는 스마트 헬스케어용 인공지능도 속속 등장하고 있습니다. 모든 사람이 인공지능으로 개인 주치의를 보유하는 시대가 오고 있습니다.

인공지능 장난감

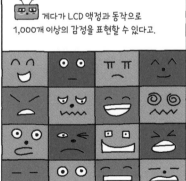

이제 장난감도 AI 시대구나.

코즈모는 휴대폰이랑 블루투스로 연결해서 사용하는 거야. 그래서 언제라도 안키가 운영하는 코즈모 코드 랩에 들어가면 원하는 프로그램을 다운받아 사용할 수 있어.

코즈모에 연결되었습니다!

이것도 배워야 더 재미있게 하겠네.

Cozmo Code Lab

코즈모 가든

코즈모의 표정이나 행동은 변수랑 변화에 따라 결정되어서 개발자들이 처음 보는 표정을 짓거나 행동을 하기도 한대.

메롱~

개발자

AI랑 너랑 그건 비슷하네.

엄마 또 등장했네…. 엄마, 그게 무슨 뜻?

처음 보는 표정과 행동을 한다잖아. 요새 너도 사춘기라 그런 표정과 행동을 많이 한다고. 하하하!

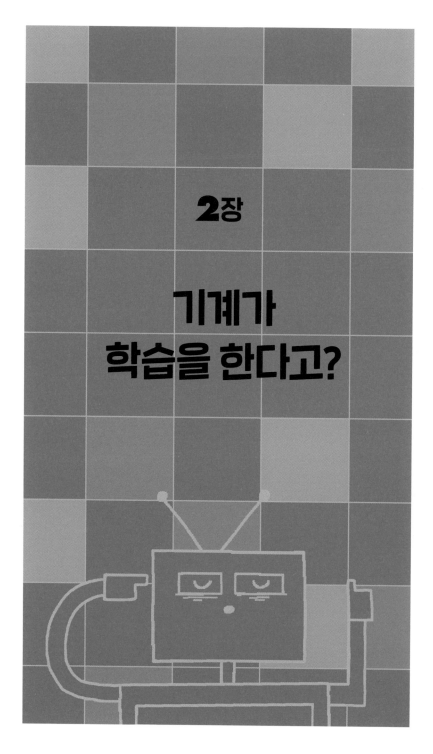

2장

기계가
학습을 한다고?

8

기계가 배운다는 게 도대체 무슨 뜻일까?

탁구공은 가벼워서 입으로 불면 날아갈 정도죠. 이 공을 치며 즐기려면 어느 정도 시간을 투자해야 해요. 포핸드, 백핸드는 물론이고 커트나 드라이브까지 배워야 하니까요. 학습해서 배운다는 인공지능이 탁구도 배우면 좋겠네요. 그런데 인공지능은 어떻게 배우는 걸까요?

우리는 늘 새로운 것을 배우며 살고 있습니다. 영어를 능숙하게 구사하기 위해서는 단어를 암기하고 수없이 반복 연습해야 하고, 탁구를 잘 치기 위해서도 연습을 계속하는 것이지요. 하다못해 새로운 게임기가 나와도 사용법을 익히고 사용해야 하지요. 배운다는 행위는 모르던 것을 알게 된다든지, 하지 못하던 것을 하게 되는 것입니다. 주어진 과제에 대해 어떤 수준에 도달하도록 하기 위해 경험을 쌓는 것이라고 할 수 있지요.

인공지능에서는 이를 머신러닝(machine learning)이라고 합니다. 간혹 실내용 달리기 운동 기구인 러닝머신(running machine)의 단어를 앞뒤로 바꾼 것이라 착각하기도 하는데, 여기에서 러닝은 달리기가 아니라 학습을 뜻합니다. 우리말로는 기계학습이라고 하지요.

기계학습의 권위자인 톰 미첼은 컴퓨터가 어떤 작업(T)을 할 때 경험(E)으로부터 성능에 대한 척도(P)를 향상하는 것이 기계학습이라고 정의했습니다. 바둑 게임을 예로 들어 볼까요? 바둑 게임은 작업(T)을 하는 것이고, 수많은 바둑 게임을 반복하는 것은 경험(E)이며, 다음 바둑 게임에서 이길 확률은 성능 척도(P)가 됩니다. 따라서 바둑 게임을 하는 인공지능이 수많은 게임을 경험하여 이길 확률이 더 좋아지게 하는 것이 머신러닝, 즉 기계학습이라는 것이지요.

》 기계학습은 《
데이터로 모형을 만드는 것

그럼 어떻게 기계가 경험을 하게 할까요? 국립국어원의 정의에 따르면 경험이란 자신이 실제로 해 보거나 겪어 본 것, 또는 거기서 얻은 지식이나 기능이라고 해요. 약간 애매하지요?

기계학습에서는 이 경험을 구체적인 데이터로 표현합니다. 예를 들어 x와 y라는 속성을 갖는 데이터가 있다고 해 봅시다. 〈x, y〉가 〈1, 5〉, 〈2, 7〉, 〈3, 9〉, 〈4, 11〉, 〈5, 13〉인 데이터인데, 이 데이터를 학습한다는 것은 y=F(x)가 되는 F를 결정하는 것입니다. 이 F를 모형이라고 해요. F를 단순하게 1차 함수 y=ax+b로 했다고 합시다. 그럼 학습은 x와 y의 데이터를 넣어서 성립되는 a와 b를 결정하는 것입니다.

이 경우에는 1차 방정식이기 때문에 a=2, b=3임을 쉽게 알 수 있고, 학습한 모형 F(x)=2x+3이 됩니다. 이렇게 데이터를 학습하여 모형을 만들면 이것은 나중에 x=100인 데이터가 나와도 그 때의 y가 무엇인지를 알아내는 데 사용될 수 있습니다.

데이터는 숫자나 문자가 대부분이지만, 컴퓨터에 들어 있는 사진이나 동영상, 심지어 MP3 음악도 데이터입니다. 형태가 너무 다양하게 보이지요? 하지만 데이터는 '어떤 속성을 갖는 묶음'으로 정의할 수 있어요. 이름, 나이, 성별, 주소를 기록한 동아리의 회원 명부는 네 개의 속성을 갖는 묶음입니다. 이 동아리에 35명의 회원이 있다면 데이터가 35개가 되는 것이지요.

100×100개의 화소로 이루어진 회색조의 얼굴 사진은 10,000개의 화소가 각각 0에서 255의 회색조(greyscale)의 색상값을 갖는 묶음으로 볼 수 있습니다. 회색조는 검은색부터 흰색까지 광도에 따라 밝기가 다릅니다. 이런 사진이 200장 있다면 데이터는 200개가 됩니다.

》다양한 형태가 가능한 《 기계학습 모형

그런데 흑백 사진에서 x는 각 화소의 값들이고, y는 특정한 사람이라면 모형 F는 어떻게 만들어야 할까요?

얼핏 생각해 봐도 앞의 예에서 했던 것처럼 1차 함수로는 어려울 것 같습니다. 그렇다면 2차 함수, 3차 함수, 삼각함수, 지수함수처럼 복잡한 x와 y 사이의 관계식을 정하면 될까요? 많은 데이터를 다루는 통계학에는 이미 독립변수 x와 종속변수 y 사이의 관계를 설명하기 위한 많은 함수가 있습니다. 문제는 그 함수들이 앞의 예처럼 데이터에 딱 맞아떨어지는 경우는 거의 없기 때문에 y=F(x)+e라는 형식으로 오류항 e를 도입해서 근접하게 맞추는 방법을 사용합니다. 틀릴 경우의 수를 적용해 점점 오류를 줄여 나가는 거지요. 기계학습을 위해서는 이렇게 어떤 모형을 사용하는 것이 적합한지 결정해야 합니다.

일정량 이상의 데이터에 대해 적합한 모형을 만들고 나면, 모형을 만들 때 사용하지 않은 새로운 데이터에 대해서 어떤 결과값이 나올지를 알아내는 식으로도 사용합니다. 이처럼 주어진 데이터에만 잘 맞추는 것이 아니라 다른 데이터에 대해서도 쓸 만하게 하는 것을 '일반화 성능'이라고 합니다. 컴퓨터가 인간의 도움 없이 스스로 새로운 규칙을 알아내는 것을 기대했다면 좀 허탈하지요. 하지만 컴퓨터에 일일이 지시하지 않더라도 어떤 작업(T)에 대해 꾸준하게 경험(E)을 시키면 작업에 대한 성능(P)을 높일 수 있습니다.

인간이 학습해야 하는 대부분의 문제를 인공지능에게 데이터로 주면, 컴퓨터가 사진을 인식하거나 외국어를 번역하는 것도 가능하다고 하니 놀랍지 않나요?

9

기계는 스스로 배울 수 있을까?

요즘 집에서 보내는 시간이 길어지면서 온라인 쇼핑을 많이 이용합니다. 클릭만 몇 번 하면 음식이나 옷을 살 수 있다니 정말 편한 세상이에요. 더군다나 오래 사용하다 보면 어떻게 알았는지 내 맘에 쏙 드는 상품을 추천하기도 하지요. 인공지능은 어떻게 스스로 배워서 내 맘을 알아주는 걸까요?

인터넷에서 책을 사거나 대형 온라인 마켓에서 생필품이나 옷, 전자 기기를 살 때면 끊임없이 화면에 배너 광고가 뜹니다. 보통은 내가 관심 있을 만한 상품으로, 방문하는 사이트마다 광고가 쫓아다니는 것이 너무나 당연한 일상이 되었습니다. 넷플릭스의 경우 고객이 보는 영화의 3분의 2가 추천된 영화이고, 미국의 전자 상거래 업체인 아마존도 매출의 35%가 추천을 통해 발생한다고 합니다. 아마존은 가입할 때 사용자에게 자신의 관심 분야를 체크하게 하는데, 이 정보와 그 사용자가 어떤 상품을 구매했는지에 대한 누적 데이터를 기반으로 상품을 추천합니다.

사용자에게 어떤 상품을 추천할지 결정하기 위해서는 비슷한 구매 형태의 고객끼리 묶어야겠지요. 고객 데이터로 나이와 성별, 주소, 구매 상품, 구매 시간이 있다고 합시다. 성별이나 거주지별로 묶어서 군집을 만들 수도 있고, 고객들이 주로 구매하는 시간대와 구매 상품을 고려하여 군집을 만들 수도 있습니다. 실제로 마케팅 담당자는 이런 식으로 고객을 세분화해서 판매 전략을 세움으로써 고객들의 구매율을 높이고 있습니다. 예를 들면 10대 후반의 남자이고 주말 오후에 전자 기기를 구매하는 군집에는 해당 시간대에 블루투스 스피커를 추천한다는 식으로 하여 판매 가능성을 높일 수 있겠지요. 이런 일의 핵심은 다양한 속성을 고려해서 비슷한 특성을 갖는 사람들을 묶는 것입니다.

» 기계학습의 «
세 가지 방식

앞에서 이야기했듯이 기계학습에서 배운다는 것은 독립변수 x와 종속변수 y를 갖는 데이터를 이용하여 $y=F(x)+e$를 만족하는 모형 F를 결정하는 것이지요.

이 모형에서 F를 결정하는 방식은 크게 세 가지가 있습니다. 가장 널리 사용되는 방식은 x, y를 모두 이용해 모형을 만드는 '지도 학습'입니다. 고객에게 상품을 추천하는 예로 설명해 보자면, 나이와 성별, 주소, 구매 상품, 구매 시간을 x로 하고 이 사람이 우수 고객인지 불량 고객인지를 y로 한 상태에서 F를 결정하는 것이지요.

그런데 만일 y 데이터가 없는 경우에는 이 방식을 사용할 수 없습니다. 사실 x만 보고 이 고객이 우수 고객인지 불량 고객인지를 미리 알기는 쉽지 않지요. 이런 경우 사용할 수 있는 방식이 '비지도 학습'입니다. 데이터의 y에 해당하는 값이 없기 때문에, x들 사이에서 비슷한 특성을 보이는 것을 군집화하여 새로운 데이터에 대한 결과값을 알아내는 방식입니다. 종속변수 y의 올바른 값을 데이터로 제공하지 못했으므로, 스스로 데이터 분류에 필요한 정보를 알아낸다고 해석할 수도 있겠지요. 아무래도 지도 학습에 비해서는 높은 학습 결과를 기대하기는 어렵지만, 문제에 따라서 종속변수가 데이터로 주어질 수 없는 경우가 많기 때문에 이 방식은 유용합니다.

위의 두 가지 방식과 조금 다른 방법으로는 '강화 학습'이 있습니다. 이것은 종속변수의 정확한 값은 줄 수 없지만, F(x)의 결과에 대해 보상의 개념으로 잘했다 못했다를 평가할 수 있는 경우에 사용할 수 있는 기계학습 방법입니다. 오래전부터 로봇의 행동 제어나 경영에서의 의사 결정 같은 문제에 사용되었는데, 실제 환경에서 적용할 수 있을 만큼 좋은 결과를 내지는 못했지요. 그래서 이 방식은 주로 게임이나 단순한 형태의 문제에 사용되었는데 최근에 크게 발전해 자율 주행차 같은 복잡한 문제에 대해서도 현실적인 계산이 가능하도록 개선되었습니다. 보상을 최대화하도록 문제를 정의할 수 있으면 상당히 높은 성능을 기대할 수 있습니다.

》기계학습에는 《
스스로 배우는 것은 없다

기계가 학습하는 여러 방식이 인간이 생각하고 스스로 학습하는 것과 유사한가요? 사실 우리가 생각하는 것처럼 기계가 자율적으로 새로운 내용을 배우는 방식은 존재하지 않습니다. 하지만 일일이 작동 방식을 코딩하는 방식과 달리 해당 문제의 데이터를 잘 수집해 정리하면 원하는 성능의 결과를 내도록 모형을 자동으로 만들 수는 있지요. 이러한 방식을 잘 사용하면 분실 카드를 이용한 것으로 추정되는 거래 내용을 골라내고, 좋아할 만한 옷을 알려 주며, 공장의 기계에서 고장이 날 것으로 예상되는 부분을 찾아 주는 등 다양한 분야에 활용될 수 있습니다.

10

시험을 보기도 전에 내 성적을 맞히는 인공지능이 있다고?

시험이 다가오면 긴장해서 가슴이 두근거리고 머릿속이 새하얗게 되기도 해요. 보고 또 보는 시험이라 익숙해질 법도 한데 성적이 어떻게 나올지 모른다는 불확실함이 커서 그런가 봅니다. 무릎이 닿기도 전에 성적을 미리 알려 주는 무릎팍도사라도 있다면 긴장을 덜 해서 좋은 성적을 얻을 수 있지 않을까요?

아무리 인공지능이라도 저절로 미래를 예측하지는 못합니다. 하지만 현재의 나는 과거에 했던 노력으로 결정된다는 사실을 인정한다면, 미래는 과거와 현재의 사실로 유추될 수 있지 않을까요? 기계학습을 이용해서 미래를 예측하는 인공지능은 과거의 데이터를 이용하여 모형을 만드는 방식을 취합니다. 예를 들면, 다음 기말시험의 성적을 예측하기 위해서 이번 중간시험의 성적에 영향을 미친 것들 즉, 이전에 내가 했던 사실들로 모형을 만듭니다. 공부한 시간, 과제물의 제출 여부, 각 단원의 이해 정도를 입력해 중간시험 성적이 출력되는 함수를 만들고, 이 함수에 이번에 기말시험을 위한 공부 시간, 과제 처리, 이해 정도를 입력해서 성적을 예측하는 출력값을 얻는 것입니다.

결과를 보다 정확하게 예측하려면 가급적 많은 양의 데이터가 필요합니다. 중간시험의 데이터만이 아니라 그 이전의 모든 시험에 대한 데이터가 있다면 훨씬 정확할 것입니다. 또 시험 성적에 영향을 미치는 요소를 고려하여 상세하게 넣어 주는 것도 도움이 됩니다. 예를 들면 게임을 한 시간이나 질병에 걸렸는지의 여부가 시험 성적에 영향을 미친다면 그것도 입력할 필요가 있습니다. 마지막으로는 다양하고 많은 데이터를 입력하여 적절한 결과를 낼 수 있게 하는 모형이 중요합니다. 기계학습 분야에는 수십 가지의 모형이 사용되고 있는데, 사람의 두뇌를 모방한 인공 신경망이 좋은 성능을 냅니다.

》 인공 신경망은 어떻게 《 시험 성적을 예측할까

인공 신경망은 이름처럼 인간 두뇌의 신경망을 모방한 인공지능 모형입니다. 사람의 머릿속에 있는 우주라는 뇌를 모방했다니 대단해 보이지요. 문제는 우리가 아직 뇌에 대해서 잘 알지 못한다는 것입니다. 이제까지 알게 된 사실은 뉴런이라는 신경세포가 방대하게 연결되어 있고, 경험한 지식이 신경세포 사이의 시냅스의 강도로 널리 퍼져서 저장되어 있다는 정도입니다.

이를 단순화하면 각 신경세포는 연결된 신경세포로부터 입력된 값에 가중치를 매겨서 모두 합한 후 기준선을 넘으면 그 값을 출력하는 식으로 두뇌의 신경망을 모방할 수 있습니다. 바로 이것을 인공 신경망이라고 하는 것이지요. 여기에서 가장 중요한 것은 무엇일까요? 개별 값에 중요도를 부여하는 가중치입니다. 입력에 대해서 적절한 출력이 계산되도록 가중치를 제대로 정할 수 있으면 다양한 문제를 풀 수 있습니다. 입력과 출력이 포함된 데이터로부터 이 가중치를 계산하는 것이 바로 학습입니다.

기말시험 성적을 예측하기 위해서 공부 시간, 과제 처리, 이해 정도를 입력하여 성적이 출력되는 인공 신경망을 설계해 봅시다. 우선 가급적 많은 데이터가 필요합니다. 먼저 지금까지 성적을 확인한 시험에 대한 데이터를 수집해야겠지요. 그러면 신경망의 입력 신경세포는 3개(공부 시간, 과제 처리, 이해 정도), 출력 신경세포는 1개(성적)가 되겠네요. 보통은 그 중간에 또 다른 신경세포들

기계가 학습을 한다고?

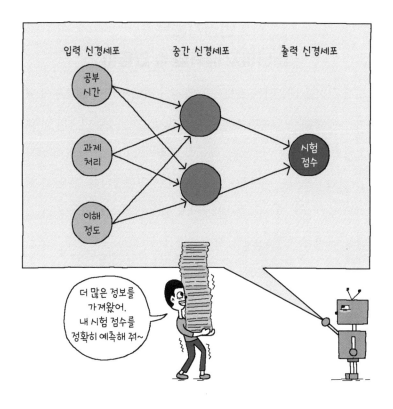

을 넣습니다. 예를 들어 2개의 중간 신경세포를 넣었다고 하면, 3개의 입력 × 2개의 중간 + 2개의 중간 × 1개의 출력에 해당하는 8개의 가중치를 결정하면 됩니다. 이와 같은 방법으로 신경망의 학습 알고리즘을 만들고, 반복해서 조정하여 최적의 값을 구할 수 있습니다. 이 신경망에 이번 기말시험을 준비하면서 한 공부 시간, 과제 처리, 이해 정도를 입력하여 성적을 예측할 수 있게 되는 것이지요. 이 모형이 얼마나 정확할지는 학습에 사용한 데이터의 신뢰도와 학습 알고리즘의 성능에 좌우됩니다.

》 인공지능은 《
어디까지 예측할 수 있을까

시험 성적을 예측하는 것도 중요하지만 미래에 내가 대통령이 될지를 예측할 수 있다면 훨씬 흥미롭겠지요? 실제로 미국의 전 대통령인 오바마는 어떤 유권자들이 전화나 TV 광고에 의해 설득될 것인지를 예측해서 2012년 재선에 성공했습니다. 또 보험 회사는 누가 자동차 사고를 낼 것인지 예측할 수 있다면 보험 지급금을 아낄 수 있습니다. 실제로 많은 보험 회사가 보험에 가입한 차량의 특성에 따라 자동차 사고 때의 신체적 피해를 예측하여 큰 금액의 보험 지급금을 줄이고 있습니다. 영화를 만드는 것도 매우 많은 제작비가 드는 일이기 때문에 사전에 성공할지를 안다면 좋겠지요. 할리우드 영화 제작사들도 어떤 대본으로 영화를 제작해야 성공할지를 예측하고 있습니다. 물론 할 수 있다는 것이 정확성을 보증하지는 않겠지요. 하지만 인공지능이 할 수 있다는 것은 알았으니 정확성까지 높아지는 것은 시간문제입니다.

11

인공지능은 고양이 사진을 가려낼 수 있을까?

고양이를 키워 본 적 있나요? 많은 사람들이 고양이의 줄듯 말듯 한 애교에 기꺼이 고양이 집사가 되길 마다하지 않지요. 깨끗하고 조용한 성격에 혼자서도 잘 지내는 탓에 키우는 사람이 점점 늘고 있습니다. 그런데 40여 종이나 되는 고양이를 쉽게 구별할 수 있을까요? 혹시 인공지능이라면 척척 알아맞힐 수 있지 않을까요?

단순히 40개의 고양이 사진을 주고 구별하는 문제라면 인공지능도 쉽게 할 수 있겠지요. 하지만 인터넷에서 고양이를 검색해 보면 각양각색의 형태와 자세를 취하고 있는 고양이 사진이 무궁무진하게 나옵니다. 시크한 고양이, 우는 고양이, 옆모습, 뒷모습, 한 마리, 두 마리…. 정말 엄청나게 다양한데 이런 사진에 어떤 고양이가 있는지를 인공지능이 알아낼 수 있을까요?

사람은 고양이의 신체적인 특징을 파악하여 알아냅니다. 네 개의 발과 긴 꼬리, 동그란 눈과 코, 입, 귀의 모양을 이용해서 고양이의 모습을 형상화하고, 유사성을 이용해서 새로 본 동물이 고양이인지 판단하지요. 고양이를 판별하는 인공지능도 이와 같은 특성을 명시해서 구별할 수는 있는데, 이 세상에 존재하는 모든 고양이의 종류와 형태에 대해서 공통으로 적용되는 규칙을 명시하기는 어려운 일입니다. 하지만 다양한 고양이 사진이 데이터로 주어진다면 인공 신경망을 이용해 고양이를 구별하는 모형을 만들 수 있습니다.

》복잡한 분별을 위해 필요한 《
인공 신경망 딥러닝

사진을 입력하여 고양이면 1, 아니면 0이 출력되는 인공 신경망을 설계해 봅시다. 가능한 한 많은 고양이 사진을 데이터로 사용하려면 중간 신경세포를 좀 더 겹겹이 쌓는 것이 좋겠지요. 보통 단순한 함수로 복잡한 함수를 만드는 방법을 함수의 합성이라고

기계가 학습을 한다고?

합니다. 함수를 중첩해서 합성하면 점점 더 복잡한 함수가 됩니다. 인공 신경망에서도 중간의 신경세포를 거칠 때마다 입력을 변환하는 역할을 하니, 그 층을 여러 개 반복해서 쌓으면 복잡한 함수도 만들 수 있습니다. 그런데 층이 깊은 신경망의 가중치는 학습 알고리즘으로는 구할 수 없습니다. 이 문제를 해결한 것이 딥러닝, 심층 학습 알고리즘입니다.

신경망의 층을 깊게 쌓고 많은 고양이 사진을 입력해서 딥러닝으로 학습이 잘 된다면, 여기에 어떤 사진을 넣어도 고양이인지 아닌지를 판별할 수 있습니다.

학습이 완료된 후에 신경망의 각 층이 어떤 역할을 했는지 분석해 보면 매우 흥미로운 결과가 나옵니다. 입력과 가까운 첫 번째 층은 주로 영상에서 선들을 탐지하고, 그다음 층은 선들을 조합해서 만들어진 도형을 탐지하고, 또 그다음 층은 도형의 조합으로 만들어진 고양이 얼굴이나 발 등의 모양을 탐지합니다. 마치 인간의 망막에서 물체를 인식하기 위해 여러 층을 단순한 것부터 복잡한 것까지 단계적으로 인식하는 것과 비슷합니다. 수학적인 연산을 통해 얻은 인공지능이 실제 인간의 생물학적인 기능과 유사하게 작동한다는 게 신기하지요.

》 영상을 사람보다 《 잘 인식하는 인공지능

딥러닝의 실체가 많은 사람에게 공개된 것은 2012년에 열린 어떤 대회였습니다. 이미지넷 챌린지라고 알려진 대회로, 수만 개의 물체를 찍은 백만 장의 사진을 주고, 인공지능 모형을 만들어서 새로운 사진에 대한 인식률로 승부를 가립니다. 학습에서 보여 주지 않은 새로운 사진이 1,000개의 물체 중 어떤 것을 찍은 것인지 맞혀야 하는 매우 어려운 문제였습니다.

그 당시 최고의 인공지능 기술이 74% 정도의 정확도를 갖고 있었는데, 2012년 등장한 딥러닝이 갑자기 84%의 정확도로 우승을 했습니다. 0.1%의 차이를 다투는 대회에서 대단한 성과를 보인 것이지요. 그 이후로 계속 발전해서 2015년에는 96.4%의 정확도를 얻었습니다. 이 사진을 사람이 분류했을 때 정확도가 95%였다고 하니 이미 인간을 뛰어넘었습니다. 가장 최근에는 98%에 육박하는 결과를 얻었습니다.

사람보다 사진을 더 잘 분류하는 인공지능을 어디에 사용하면 좋을까요? 병원에 가면 여러 종류의 사진을 찍습니다. 엑스레이, CT, MRI 등 양이 상당히 많아서 사람이 일일이 판독하기 너무 고된 일입니다. 이런 문제에 사람보다 정확한 딥러닝을 사용할 수 있습니다.

또 스마트TV를 만드는 공장에서는 불량품이 있는지 사람이 일일이 점검합니다. 이 경우에도 딥러닝을 사용하면 효율을 크게 높일 수 있겠지요. 많은 양의 데이터와 좋은 컴퓨터가 필요하다는 조건은 있지만 현재 인공지능의 시각 기능은 쓸 만한 수준에 도달한 것은 틀림없습니다.

12

CCTV에서 범인을 찾는 인공지능이 있다고?

도시 구석구석에 설치된 수많은 감시 카메라(CCTV)는 야심한 밤에 으슥한 골목길을 지키고, 귀중품을 도둑으로부터 지켜 줍니다. 덕분에 생활이 좀 더 안전해지긴 했지만, 그 많은 카메라로 누군가가 지켜보고 있을 거라고 생각하면 불안하기도 합니다. 누군가 일일이 지켜보는 대신 인공지능이 감시해 줄 수는 없을까요?

세계에서 감시 카메라가 가장 많은 나라인 중국은 4억 대 이상의 감시 카메라로 실시간 개인의 신원을 파악하며 범죄자를 추적하고 있습니다. 여기에는 얼굴이나 신체 특징, 걸음걸이로 사람들을 추적하는 인공지능이 널리 사용되고 있지요. 아주 많은 사람이 모여 있어도 얼굴을 인식해서 무단 횡단이나 불법 주차, 안전벨트 미착용 같은 교통 법규 위반을 자동으로 잡아냅니다. 무단 횡단을 하면 주머니 속 휴대폰에서 경고음이 울리고 벌금이 부과되었다는 문자 메시지가 도착합니다. 게다가 도로 위에 설치된 전광판에 무단 횡단한 사람의 이름과 신분증 번호가 뜨기도 하지요.

앞으로 지하철과 은행에까지 얼굴 인식 인공지능이 도입되면 얼굴 정보를 등록하지 않고는 생활이 어려울 것입니다. 지하철을 탈 때 개찰구에 설치된 스크린에 얼굴을 갖다 대면 빠르게 승객을 인식하고, 연결된 은행 계좌에서 지하철 요금이 결제될 테니까요. 실시간으로 작동하는 감시 카메라가 지나가는 사람들의 신원을 파악하여 범죄자를 추적하면 수년간 잡지 못한 범인을 잡아내는 등 치안 전반에 커다란 효과를 볼 수 있게 됩니다.

》 변하지 않는 《
얼굴의 특징 찾기

얼굴을 인식하려면 먼저 영상 안에 있는 얼굴을 모두 찾아야 합니다. 각 얼굴의 눈과 코, 입, 턱 등의 부위를 분석해서 방향이 틀어지거나 조명이 안 좋아도 변하지 않는 특징을 파악해야 합니다.

새로운 얼굴 영상이 들어오면 데이터에 저장된 모든 사람의 특징과 비교해서 신원을 확인합니다. 얼핏 생각하면 간단한 일 같지만 마스크나 안경을 쓴다든지 수염을 길러도 바뀌지 않는 특징을 찾기는 쉽지 않지요. 게다가 노화로 얼굴이 변하거나 성형 수술 등으로 안면 골격이 달라져도 변하지 않는 특징을 찾아 얼굴을 인식하는 것은 매우 어려운 문제입니다.

좀 더 정확하게 인식하기 위해서 얼굴뿐만 아니라 시간과 장소, 행동 등 변화하는 정보를 함께 사용하여 데이터를 수집하고 이를 딥러닝으로 학습하기도 합니다. 실제로 2018년 중국에서 개최된 홍콩의 유명 가수 콘서트에 6만 명의 관람객이 몰렸습니다. 그곳에서 얼굴 인식 인공지능이 범죄 용의자 한 명을 정확히 찾아

기계가 학습을 한다고?

내 체포했습니다. 수만 명이 모인 콘서트 현장에서 자신을 찾을 수 있으리라 예상하지 못했던 범인은 얼마나 당황했을까요. 아무리 사람이 많더라도 얼굴 인식 인공지능은 용의자를 순식간에 찾아낼 수 있었습니다. 최근에는 얼굴 인식 기능을 갖춘 스마트 안경도 개발되어 0.1초 안에 최대 1만 명의 용의자를 신속하게 검토할 수 있게 되었습니다.

》 양면성을 가진 《
얼굴 인식 인공지능

얼굴 인식은 보안 이외에도 다양한 분야에서 활용될 수 있습니다. 물건을 사기 위해 신용 카드나 휴대폰으로 결제하는 것도 편하지만, 얼굴로 결제가 가능하다면 더 편리하겠지요. 실제로 알리바바의 알리페이에 얼굴 사진을 등록하면 편의점에서 살 물건을 고른 뒤 기기 앞에 서 있는 것만으로 자동으로 결제됩니다. 업체 입장에서는 결제가 편해진 것은 물론이고 고객의 성향을 알아내 판매 동향도 분석할 수 있습니다. 또 공항에서는 별도의 신분증 없이 얼굴만으로 신원을 확인하여 입장할 수도 있습니다.

　이렇게 편리하기도 하지만, 한편으로는 사생활 침해의 문제가 있습니다. 범인을 잡는 것까지는 좋은데 안전해지기 위해서는 내 사진을 데이터로 제공하고 언제든지 사용되는 것을 감수해야 하지요. 또 학교에서 인공지능으로 출석 체크를 한다고 해 봅시다. 출석 부르는 시간을 절약하고 정확하게 출석 여부를 파악할 수 있겠지요. 하지만 더 나아가 학생이 수업을 제대로 듣는지, 졸지는 않는지, 혹은 게임을 하고 있는지까지 감시한다면 어떨까요? 안전하고 편리한 인공지능이 도리어 우리의 생활을 감시하고 통제하는 불편함을 초래할 수 있습니다. 그래서 IBM과 마이크로소프트 등 글로벌 인공지능 기업들은 얼굴 인식 인공지능을 포기하겠다고 선언하기도 했습니다. 인공지능이 대량 감시와 인종 차별에 악용될 수도 있기 때문입니다.

13

인공지능 스피커는 어떻게 내 말을 알아들을까?

"신나는 노래 틀어 줘", "오늘 날씨는 어때?", "강남역 맛집을 알려 줘"처럼 무엇을 물어봐도 척척 답하는 스피커는 더는 꿈이 아닙니다. 마치 내 시중을 들어주는 비서처럼 말만 하면 다 찾아 주니 무척 편리하지요. 그런데 도대체 스피커가 어떻게 내 말을 알아듣는 걸까요?

인공지능 스피커는 음성 인식을 통해 음악을 찾아 주거나 정보를 검색하는 기능을 수행합니다. 키보드로 입력하는 타이핑보다 음성으로 명령을 쉽게 전달할 수 있지요. 타이핑으로는 1분에 40단어를, 음성으로는 150단어를 입력할 수 있습니다. 상용화된 최초의 음성 비서는 2011년 애플의 시리인데, 요즘은 아마존의 에코가 더 유명합니다. 국내에서도 KT, SK, 삼성, 네이버, 카카오 등에서 다양한 인공지능 스피커를 내놓고 있습니다. 아직 완벽하게 말을 이해하지는 못하지만 데이터를 수집하기 위해서라도 앞다퉈 제품을 출시하는 것이지요. 스피커에 들어 있는 음성 비서가 인간처럼 대화하려면 대화의 의도와 패턴을 학습해야 하는데, 데이터가 많을수록 더 잘 학습할 수 있기 때문입니다.

최근에는 단순한 스피커를 넘어서 다양한 서비스로 발전하고 있습니다. 소위 IoT(Internet of Things)라는 사물인터넷 기기와 결합하여 생활 곳곳을 파고들고 있습니다. 거동이 불편한 어르신 돌봄 서비스나 요리 레시피 서비스도 있고, 시각 장애인 전용 오디오북 제공 서비스도 있습니다. 금융권에서는 목소리만으로 송금을 하거나 금융 상담과 상품 추천을 하기도 합니다. 또 호텔에서 음성으로 객실 용품을 요청하면 로봇이 배달해 주는 서비스도 있고, 스마트홈에서 음성으로 거실 조명이나 난방을 제어하고 엘리베이터를 호출하는 서비스도 가능합니다.

》음성을 학습된 단어 패턴과 《
비교해서 판단해

인공지능은 인간의 말을 어떻게 이해할까요? 음성은 마이크를 통해서 시간에 따른 파형의 신호로 입력됩니다. 이러한 음향 신호를 단어나 문장으로 변환하는 것을 음성 인식이라고 합니다. 엄밀하게는 의미를 이해한다고 할 수 없지만, 음향 신호의 패턴이 무슨 의미와 가장 가까운지 비교해서 매칭합니다. 단순히 음파의 모양으로만 비교하면 정확하지 않은 결과를 내기 때문에, 문장 중에서 단어의 맥락이나 해당 언어의 특성을 반영합니다. 음향 신호만 비교해서 〈오늘〉, 〈날쑤〉, 〈는〉, 〈어때〉와 같이 매칭된 경우에, 맥락상 〈날쑤〉보다는 〈날씨〉가 더 빈번하게 사용된다면 〈날씨〉로 바꿔서 인식합니다.

동일한 단어도 억양, 목소리 크기 등에 따라서 다른 음파가 입력됩니다. 심지어 다른 사람의 목소리는 완전히 다른 모양의 음파로 입력되기도 합니다.

매우 어려운 문제라 이제까지 음성 인식을 위해서 상당히 많은 방법이 시도되었습니다. 어떻게 하면 억양이나 음성의 크기, 사람과 관계없이 동일한 패턴을 만들까를 궁리하기도 하고, 좀 다른 모양의 패턴이 입력되더라도 같은 단어라면 정확하게 알아낼 수 있는 모형을 고안하기도 했습니다. 주로 확률 통계 모형을 이용했는데 만족할 만한 결과를 얻지는 못했습니다. 최근에는 딥러닝 기술을 도입해서 음성 데이터의 입력, 특징 추출, 출력의 전 과정을 일사천리로 해결함으로써 비약적인 발전을 이루었습니다. 지금도 인공지능 스피커에 여러 번 물어도 제대로 답하지 못하거나 엉뚱한 말을 하는 경우도 있지만, 예전보다는 확실히 음성 인식은 잘됩니다.

》 개인 정보 보호 등 《 보안이 강화되어야 해

그런데도 이용자들의 가장 큰 불만은 음성 인식이 만족스럽지 못한 것입니다. 쉽고 편하게 친구와 말할 때처럼 대화하고 싶은데 자연스러운 연결형 대화가 곤란하고, 외부의 소음을 음성 명령으로 오인하는 경우도 많다고 합니다. 또한 대부분 제공하는 기능이 음악 감상 목록, 날씨나 교통 정보 확인, 일정 등록, 길 찾기 등으로 비슷비슷해서 음성 인식이 가능한 스마트 기기 정도로 치부되고 있습니다. 인공지능의 강점을 살린 획기적인 기능이 필요합니다.

최근에 등장한 문제는 보안과 사생활 침해입니다. 인공지능 스피커의 성능을 높이려고 인터넷과 연결하여 음성 데이터를 저장했더니 해킹을 해서 개인의 사생활이 노출되기도 합니다. 더 나아가서 인공지능 스피커가 스마트 기기를 제어하는 역할을 하게 되면, 주변의 스마트 기기까지 악의적으로 조작될 공산이 큽니다. 인공지능 스피커가 우리의 삶을 편리하게 해 주는 것은 틀림없지만, 개인 정보의 유출과 같은 위험을 막기 위한 방안을 세워야 그 편리함을 온전히 누릴 수 있을 것입니다.

14

인공지능은 어떻게 외국어를 번역할까?

몇 년을 영어 공부에 매진해도 막상 외국인을 만나면 입을 떼기 조차 어렵습니다. 어떤 사람은 독해를 중심으로 하는 교육의 문제라고도 하지만 원래 언어를 통달하는 것은 어려운 일입니다. 모국어도 오랜 기간 시행착오를 통해 습득합니다. 그런데 이런 어려운 외국어 번역을 인공지능은 어떻게 하는 걸까요?

이제 더는 골치 아픈 외국어를 공부하지 않아도 전 세계 사람들과 소통할 수 있는 시대가 왔습니다. 외국어를 전혀 못 해도 메뉴판을 번역하고, 외국인이 하는 말도 실시간으로 통역해 들을 수 있습니다. 『은하수를 여행하는 히치하이커를 위한 안내서』라는 소설 속에는 신호를 먹고 신호를 배설하는 '바벨 피시'를 귀에 넣고 통역사 없이 외계인의 말을 알아듣는데, 현실에선 인공지능 번역 앱이 이 신기한 물고기를 대신할 것 같습니다. 구글 번역이나 네이버 파파고를 사용해 보면 이런 시대가 먼 미래의 일이 아닐 것으로 보입니다. 페이스북에도 담벼락 글에 번역보기 버튼이 있어서 클릭하면 사용자 언어로 번역됩니다. 심지어 스마트폰 카메라로 간판이나 메뉴를 찍으면 글자 영상을 인식해서 번역되기도 합

기계가 학습을 한다고?

니다. 기계 번역이라는 인공지능을 안경 형태의 웨어러블 기기에 넣으면 영어 잡지의 내용이 우리 눈에 한글로 보이는 것도 가능합니다. 이런 인공지능은 어떻게 언어를 번역하는 걸까요?

》 문장 단위로 변환하는 《
딥러닝

기계 번역은 컴퓨터로 문장을 다른 언어로 변환하는 것인데, 'He studied English yesterday'를 어떻게 '그는 어제 영어를 공부했다'로 바꿀 수 있을까요? 가장 단순하게는 영어 문장을 우리말 문장으로 바꾸는 규칙화된 문법을 사용하는 것입니다. 마치 우리가 영문법을 배워서 영어를 익히는 것과 비슷하기 때문에 문법에 잘 맞는 문장은 비교적 정확하게 번역할 수 있습니다. 하지만 영문법을 배웠다고 영어를 잘할 수 있었나요? 우리가 사용하는 언어에는 문법으로 해결되지 않는 예외적인 사항이 너무 많습니다. 따라서 문법으로 규칙화해서 변환한 문장은 뜻이 잘 통하지 않고 어색한 경우가 많습니다.

이를 해결하기 위해 1990년대 들어 실제 사례를 말뭉치(텍스트를 컴퓨터가 읽을 수 있는 형태로 모아 놓은 언어 자료)로 많이 모아서 통계적으로 번역하는 방법이 사용되었습니다. 우리가 외국어를 배울 때 기본적인 문장을 암기한 후 같은 내용의 우리말 문장과 어떻게 연관되는지 파악하는 것과 유사합니다. 통계 기반 방법은 언어학과 관계없이 주어진 문장에 대응될 확률이 가장 큰 문장을 선택하는 식으로 번역합니다. 그런데 문장 단위로 확률을 계산하기기 어렵기 때문에 문장을 단어나 구절로 분할해서 번역한 후 합치는 과정을 거칩니다. 번역 결과를 합칠 때 가능한 여러 조합의 문장과 비교해서 가장 유사성이 높은 문장을 선택합니다. 충분히 많은 데이터가 있다면 그럴듯하게 번역되기도 하지만, 작은 단위로 나눠서 번역한 걸 모은 것이라 어색하게 번역되기도 합니다. 특히 언어의 어순이 달라질 경우, 순서에 맞춰 배열하기 어렵습니다.

2000년대 이후에는 딥러닝이 도입되어 문장 단위로 직접 번역하는 것이 가능해졌습니다. 문장을 분할하지 않고 통째로 하나의 패턴으로 바꾸고 이를 번역하는 문장으로 직접 변환하는 것이 가능해진 것입니다. "He studied English yesterday"를 0.1, 0.8, 0.4, 0.7 같은 값으로 변환하고, 이 값을 "그는 어제 영어를 공부했다"로 변환하는 것입니다. 이렇게 변환하기 위해서는 영어 문장과 같은 의미의 우리말 문장의 쌍으로 신경망을 학습시켜야 합니다. 문장의 서로 다른 패턴을 표현할 수 있을 만큼 충분히 많은 데이터가 필요하기는 하지만 번역의 정확성은 확실히 높아졌습니다.

》 인공지능과 번역가의 《 협업이 필요해

예전보다는 놀랄 만큼 매끄럽게 번역하지만, 아직 인간처럼 문장을 이해하는 것은 아닙니다. 번역 자체는 맞다고 해도 다듬어진 수준에 도달하지는 못하여 질적으로 많이 떨어집니다. 따라서 인공지능이 인간 번역가를 완전히 대체한다기보다 인간이 인공지능과 협업하여 좀 더 효율적인 번역을 하는 것이 좋을 수 있습니다. 인공지능으로 신속하게 기계적인 번역을 하고, 문장에 담긴 뉘앙스나 맥락을 파악하고, 문화나 역사적 배경이 제대로 드러나도록 인간 번역가가 다듬는다면 훨씬 매끄러워질 것입니다. 인공지능 번역을 통해 의사소통이 쉬워지면 언어 부담 없이 다른 나라를 여행할 수 있어 문화적 교류도 활발해지겠지요.

하지만 언어를 구사하는 것은 단순한 소통의 도구를 넘어서 생각과 기억 등 인간의 정신세계를 표현하는 일입니다. 아무리 인공지능이 발전한다고 해도 언어로 표현되는 정신세계까지 이해할 수 있을까요?

🔷 인공지능 청소기

오늘은 청소 당번 너야.

왜 또 나야?

어제 내가 했으니까

그래? 도대체 청소 로봇은 왜 안 나오는 거야?

무슨 말씀, 청소 AI 로봇은 벌써 나와 있다고.

바로 룸바!

뭐라고?

로봇 청소기 룸바는 2002년에 처음 나왔어. 룸바는 방 구석구석을 빠짐없이 돌아다니면서 청소해 줬어.

짠!

하지만 처음 나온 센서는 적외선 센서라 그다지 잘 작동하지 않았어.

응애!

나 휴지야!

못 본 척…

꽝!

아야!

충전기는 어딨지??

ㅋㅋㅋ

와, 그런데 지금은 어떻게 방을 저렇게 잘 돌아다닐 수 있는 거야?

나 달라졌다고!

최신형 청소기에는 매초 60회 이상 상황을 판단하는 센서가 있어서 방의 형태를 파악하고 효율적인 이동 방법을 찾아내. 게다가 자율 주행차의 핵심 기술인 SLAM을 적용해 가장 최적화된 길을 찾고, 스스로 청소 구역을 설정하는 기능까지 갖췄거든.

$3 \times \frac{4}{4} x \sqrt{}$

게다가 최근에는 먼지도 스스로 비울 수 있어서 두 달에 한 번 정도 먼지 봉투만 버리면 돼서 아주 편리하다고.

두 달

정말 멋진대?

그런데 왜 우리 집엔 없는 거야?

그, 그건…. 아직 너무 비싸서. 최신형은 한 대에 100만원이 넘거든.

100만원?

엄마, 엄마! 청소기 대신 내가 청소할 테니 그걸 제 용돈으로 주시면….

그럼 이제부터 엄마가 해 주는 밥, 돈 내고 먹어.

그런 게 어딨어요!

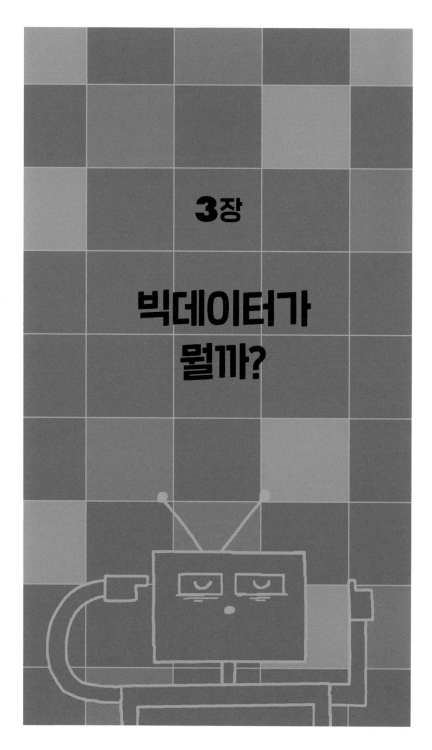

3장

빅데이터가
뭘까?

15

왜 빅데이터라고 할까?

 리더십 캠프, 콘서트, 슈퍼마켓, 파이팅…. 너무 자주 사용해서 우리말처럼 느껴지는 외래어가 넘쳐 나고 있습니다. 예전에는 자료나 정보라고 불렸던 데이터도 그중 하나이지요. 그런데 요즘은 그 앞에 '빅'을 넣어서 빅데이터라는 말도 심심치 않게 사용합니다. 데이터는 원래 양이 많은 것인데 굳이 빅데이터라고 부르는 이유는 무엇일까요?

우리는 매 순간 선택을 하며 살아갑니다. 어떤 옷을 입고 나갈까, 언제 과제를 완료할까, 상품을 어떻게 진열할까, 어디에 투자할까 등 선택의 연속입니다. 선택의 순간 대부분은 직관을 발휘하거나 부모님이나 선배에게 조언을 구하기도 하지요. 보다 객관적으로 도움을 받을 수 있다면 혼자서 결정하는 것보다 더 나은 결정을 내릴 수 있을 것입니다.

이런 의미에서 과거의 경험으로 축적된 자료를 잘 활용하면 좋습니다. 국가나 기업이라면 그 효과는 배가 되지요. 예를 들어 의류업체는 자사가 만든 의류를 홍보하기 위해서 매년 마케팅 비용을 많이 들여 할인 행사를 합니다. 그런데 자라(ZARA)라는 회사는 그런 비용을 지불하지 않는데도 많은 고객이 찾습니다. 사람들이 사고 싶어 할 만한 옷만 만들기 때문입니다. 그게 어떻게 가능한 걸까요? 자라는 판매하는 옷에 색상, 지퍼, 단추 등의 정보를 담은 센서를 달아서 데이터를 수집하고, 이를 분석해서 유행과 고객의 선호를 파악합니다. 이렇게 고객이 살 만한 옷들을 알아내 만들면 재고가 줄어서 비용을 줄일 수 있습니다.

》 데이터는 프로그램이 운용하는 《 기호화한 자료

주변에서 흔하게 사용하는 이 데이터(data)는 무엇을 뜻할까요? 데이터의 사전적인 의미는 프로그램이 운용할 수 있는 형태로 기호화하거나 수치화한 자료를 말합니다. 데이터를 잘 수집하고 저장하면 나중에 검색하거나 분석해서 유용하게 사용할 수 있지요.

데이터는 크게 수치형과 범주형으로 구분합니다. 수치형 데이터는 숫자로 된 것으로, 키나 몸무게처럼 연속적인 것과 시험 성적이나 교통사고 건수처럼 하나하나 셀 수 있는 이산적인 것이 있습니다. 반면에 범주형 데이터는 몇 개의 범주나 항목으로 된 데이터이지요. 1에서 10사이의 선호도 데이터처럼 순서가 있는 순위형도 있고, 성별이나 혈액형처럼 순서가 없는 명목형도 있습니다.

이런 데이터는 주로 어디에서 만들어서 공개할까요? 비즈니스 분야의 데이터는 기업의 상태나 고객의 정보입니다. 이는 기업의 수익과 직결되거나 사업 전략이 포함된 경우가 많고, 고객 데이터는 개인 정보가 담겨 있기 때문에 보통 공개하지 않고 전략적 파트너와 제한적으로 공유하는 게 일반적이지요. 반면에 정부의 데이터는 보통 국민들에게 투명하게 공개합니다. 미국 연방 정부나 영국 정부는 물론이고 뉴욕이나 런던 등의 지자체들도 다양한 데이터를 공개하고 있습니다.

최근에는 개인의 SNS 데이터도 매우 유용하게 사용되고 있습니다. 트위터나 페이스북에는 거의 모든 사물에 대한 의견이 시시각각 쏟아져 나오고 있습니다. 이러한 데이터는 개인의 일상사나 생각에 대해서 알 수도 있지만, 많이 모이면 사회 동향이나 브랜드의 평판을 분석하는 데도 요긴하게 활용됩니다.

》 빅데이터는 데이터의 가치까지 《
분석하는 기술

이렇게 만들어지는 데이터를 축적하면 필연적으로 그 양이 늘어날 수밖에 없습니다. 그런데 데이터 앞에 왜 '빅'이라는 글자를 넣은 걸까요? 빅데이터는 다루는 데이터의 양이 많다는 것 외에도 그 데이터가 표로 정리될 수 있는 정형적인 것만으로 국한되지 않기 때문입니다. 게시판에 작성한 짧은 문장들이나 스마트폰의 가속도 센서에서 얻어진 일련의 수치는 형태가 불규칙적일 수밖에 없지요. 이런 비정형 데이터도 포함됩니다.

저장한 데이터를 체계적으로 관리하기 위해서 주로 데이터베이스를 사용하는데, 빅데이터는 기존의 데이터베이스 관리 도구로 수집하고 저장, 관리, 분석할 수 있는 역량을 뛰어넘어 처리하는 기술을 말합니다. 이름이 빅데이터라 자료만 지칭하는 것으로 생각하기 쉬운데, 사실 빅데이터는 방대한 양의 데이터 그 자체뿐만이 아니라 이를 처리하고 분석하여 가치를 추출하는 것까지 포함합니다.

요약하자면 빅데이터는 대량의 정형 또는 비정형의 데이터에서 가치를 추출하고 결과를 분석하는 기술입니다. 특히 최근에는 학습을 통해 데이터로부터 인공지능을 만드는 것이 큰 효과를 보고 있습니다. 이 인공지능을 만들기 위해서는 학습에 사용되는 데이터를 잘 수집하고 각 데이터의 종류를 입력하는 데이터 레이블링(labelling)이 매우 중요합니다. 빅데이터가 인공지능의 성공

에 필수 불가결한 요소가 되는 것이지요. 생각하는 인공지능을 완성하는 것이 빅데이터의 궁극적인 미래입니다.

16

빅데이터의 3V는 무엇일까?

3V 하면 무엇이 떠오르나요? 포켓몬스터를 육성해 본 사람이라면 개체값이 31인 능력치를 3개 가진 포켓몬이 생각날 수도 있겠습니다. 공격, 방어, 스피드로 3V인 포켓몬을 만난다면 신나겠지요. 그런데 빅데이터의 특성을 말할 때도 흔히 3V라고 합니다. 빅데이터도 포켓몬의 일종인가 싶기도 한데, 빅데이터의 3V는 무엇을 뜻하는 걸까요?

빅데이터 하면 막연하게 양이 많은 데이터가 떠오릅니다. 하지만 단순히 양으로 이야기하기 어렵습니다. 좀 더 명확하게 특성을 설명할 필요가 있는데, 2001년에 마케팅 기업인 가트너의 더그 래니는 3V라는 말로 빅데이터의 특성을 소개한 바 있습니다. 빅데이터가 많은 사람의 관심을 끌기 전에 한 말이기도 하고, 그 특성을 잘 설명하고 있기 때문에 이제는 거의 모든 사람이 동의하는 정의가 되었습니다. 래니에 따르면 엄청나게 많은 양(Volume), 매우 다양한 종류(Variety), 그리고 매우 빠른 속도(Velocity)가 빅데이터의 특성을 설명하는 3V라고 합니다. 이미 오래전부터 엄청나게 많은 양의 데이터와 그 데이터를 실시간으로 처리해야 하는 문제가 있었는데, 실제로 현장에서 빅데이터로 처리하는 사례가 늘어나면서 그 중요성이 커지고 있습니다.

》 3V는 데이터의 《
양, 다양성, 속도

그럼 빅데이터의 3V가 무엇인지 구체적으로 알아봅시다. 우선 빅데이터는 매우 많은 양(Volume)의 데이터입니다. 어느 정도의 양이면 빅데이터라고 할 수 있을까요? 그 답은 명확하지 않습니다. 왜냐하면 데이터의 양이 워낙 빠르게 증가하고 있어서 빅데이터의 기준도 계속 변하고 있기 때문입니다. 예를 들면, 상점이나 은행 같은 곳의 온라인 거래 데이터가 매우 많아지고 있습니다. 또 페이스북이나 트위터 같은 SNS 데이터는 상상을 초월할 정도로 늘고 있습니다. 미국 의회도서관에 소장된 총 데이터가 300TB(테라바이트, 10^{12}바이트) 정도라고 하는데, 전 세계에서 하루에 생성되는 데이터는 이미 2.5EB(엑사바이트, 10^{18}바이트)를 넘었습니다.

다음으로 빅데이터는 다양한(Variety) 데이터입니다. 이전에는 분석이 불가능해 버려졌던 데이터가 가치를 갖게 된 것이라고 볼 수 있습니다. 보통 데이터는 숫자로 되고 형태가 규칙적인 정형화된 데이터였습니다. 그러나 요즘은 여기에 머물지 않고 영상, 동영상, 음악, 텍스트 같은 비정형 데이터까지 분석에 활용할 수 있게 되었습니다. 이것은 과거에는 사용하지 않거나 관리하지 않았지만, 지금은 분석하여 새로운 가치를 창출할 수 있는 데이터의 종류가 매우 다양해졌음을 의미하지요.

마지막으로 빅데이터는 입출력 속도(Velocity)가 빠른 데이터입니다. 데이터를 수집하고 저장하고 분석하는 것의 신속성과 긴밀성을 속도의 개념으로 보는 것이지요. 빅데이터 환경에서 데이터는 엄청난 양의 데이터가 매우 짧은 시간 내에 축적될 수 있습니다. 전 세계적으로 1분에 수억 개의 이메일과 수십만 개의 트위터 메시지가 생성되고 있습니다. 데이터의 빠른 유입에 대처하려면 탄력적으로 저장하고 처리할 수 있어야 합니다. 따라서 데이터의 속도는 단순히 생성되는 속도뿐만 아니라 처리하여 분석하는 속도를 포함합니다. 예전처럼 일 년이나 한 달에 한 번 분석하는 것이 아니라, 매일 매시간 분석할 필요성이 커지고 있습니다.

》 진실성을 더하면 4V, 《
가변성을 더하면 5V

그렇다면 데이터의 양이 많고 다양하고 속도가 빠르기만 하면 빅데이터일까요? 실제로 많은 사람들은 또 다른 V를 추가해서 빅데이터를 좀 더 잘 설명하려고 합니다. IBM은 진실성(Veracity)을 추가해 4V라 하고, 리서치 회사 포레스터의 수석 분석가인 브라이언 홉킨스는 여기에 가변성(Variability)을 추가해서 5V라 합니다.

빅데이터는 단순히 데이터를 수집하고 저장하는 게 목적이 아닙니다. 궁극적으로는 제대로 분석해야 하기 때문에 신뢰할 수 있는 진실성을 가지고 있어야 합니다. 데이터의 전파가 쉬워졌기 때문에 어떤 데이터가 진실하고 가치 있는지 분별해야 하기 때문이지요. 데이터의 양과 더불어 품질이 빅데이터를 가치 있게 만드는 중요한 특성이 됩니다.

빅데이터의 가변성은 동일한 데이터라도 맥락이 달라지면 뜻도 달라진다는 것을 말합니다. 동일한 단어나 영상의 의미가 상황에 따라서 달라질 수 있습니다. 맥락을 고려하지 않는다면 전혀 다른 해석을 내릴 수도 있고 얻어진 결과의 가치에도 큰 차이가 납니다. 빅데이터는 단순히 데이터의 양만을 의미하기보다는 새롭게 생성되는 데이터의 특성을 포함한 개념으로 발전하고 있습니다. 앞으로 빅데이터가 더 발전하면 그러한 특성을 설명하는 데 V가 몇 개나 더 필요하게 될까요?

17

기계학습으로 데이터를 어떻게 분석할까?

종종 환자의 치료 데이터를 분석하거나 은행의 고객 데이터를 분석한다는 이야기를 듣습니다. 분석이란 대상을 쪼개서 나누는 것이라는데 그럼 이런 데이터들을 분석하려면 데이터를 쪼개면 되는 걸까요? 어떻게 쪼개서 무엇을 분석한다는 걸까요?

데이터를 분석한다는 건 데이터에서 대상의 패턴을 찾아 가치 있는 통찰을 찾아내는 것입니다. 그러면 데이터에서 중요한 패턴과 패턴의 상관관계는 어떻게 찾을까요? 많은 양의 자료를 다루기에 통계만 한 것이 없지요. 단순하게 데이터의 평균이나 중앙값 또는 가장 많이 자주 나오는 최빈값을 계산해 보면 데이터의 경향이나 기본적인 형태를 이해할 수 있습니다. 하지만 좀 더 고차원적인 분석을 하려면 통계를 넘어서 데이터로부터 모형을 만드는 기계학습이 적합합니다. 앞에서 다뤘던 시험 성적을 예측하는 문제를 가지고 기계학습으로 어떻게 분석하는지 알아봅시다.

과거에 수행한 10번의 시험 관련 데이터를 이용해서 성적을 예측하는 모형을 만들어 볼까요? 각 데이터는 〈공부 시간〉, 〈과제 처리〉, 〈이해 정도〉에 대한 〈시험 점수〉로 구성되어 있습니다. 이 10개의 데이터를 이용하여 시험 관련 준비 사항으로 시험 성적을 예측하는 모형은 어떻게 만들까요? 여기서는 가장 간단한 기계학습 방법인 '결정 트리'를 사용합니다.

》 결정 트리를 이용한 《
예측 모형 만들기

먼저 이 10개의 데이터를 가장 잘 나눌 수 있는 속성을 찾습니다. 101쪽의 시험 점수 예측 모형 그림을 봐 주세요. 〈공부 시간〉을 36시간과 비교해 36보다 작은 데이터가 4개(왼쪽), 큰 데이터가 6개(오른쪽) 있음을 알아냈습니다. 이제 왼쪽의 4개 데이터를 가장 잘

빅데이터가 뭘까?

나눌 수 있는 속성을 찾아보니 〈과제 처리〉였습니다. 〈과제 처리〉를 5개와 비교해서 5보다 작은 데이터가 1개(왼쪽), 큰 데이터가 3개(오른쪽) 있었습니다. 여기에서 왼쪽 1개 데이터의 〈시험 점수〉는 70점이고, 오른쪽 3개 데이터의 〈시험 점수〉 평균은 80.5점입니다.

비슷한 방식으로 첫 번째 오른쪽의 6개 데이터를 가장 잘 나

눌 수 있는 속성을 찾습니다. 〈이해 정도〉를 90%와 비교해서 작은 데이터가 4개(왼쪽), 큰 데이터가 2개(오른쪽) 있었습니다. 이 지점에서 왼쪽 4개 데이터의 〈시험 점수〉 평균은 92.4점, 오른쪽 2개 데이터의 〈시험 점수〉 평균은 98.2점이었습니다. 이렇게 해서 시험 관련 준비 사항이 입력되었을 때 시험 점수를 예측하는 모형이 완성되었습니다.

이 모형은 10개의 데이터를 가장 잘 나눠서 점수를 예측할 수 있게 하였습니다. 여기에서 이번 기말시험을 위해 28시간 공부하고, 6개의 과제를 처리하고, 80% 정도 교과목을 이해했다면, 어떤 시험 점수를 받을까요? 모형의 맨 처음은 〈공부 시간〉이 36시간보다 큰지를 따지는 것인데, 28시간이니 왼쪽으로 분기합니다. 그다음에는 〈과제 처리〉가 5보다 큰지를 따져 보니, 더 크기 때문에 오른쪽으로 분기합니다. 그 지점의 〈시험 점수〉가 80.5이기 때문에 시험 점수는 80.5점이 되리라 예측합니다.

》 현실적인 결정 트리 《
학습하기

10개의 데이터를 이용해서 결정 트리를 만드는 것이 잘 이해되었나요? 설명을 위해서 매우 적은 데이터로 했다는 점을 고려하더라도 몇 가지 불명확한 부분이 있습니다. 여러 개의 속성 중에 어떤 속성을 먼저 선택해서 비교해야 할지를 정해야 하는 것입니다. 여기에서는 〈공부 시간〉을 선택했는데, 보통은 모든 데이터에 대해 모든 속성 중에서 가장 잘 나누는 속성을 선택하지요. 그다음은 그 속성과 어떤 값을 비교해서 데이터를 나눌지 정해야 합니다. 여기에서는 〈공부 시간〉이 36시간보다 큰지를 선택했습니다. 이 값도 마찬가지로 모든 데이터에 대해서 해당 속성의 어떤 값이 데이터를 가장 잘 나누는지 계산합니다.

마지막으로 분기를 언제까지 해야 할지 결정해야 합니다. 여기서는 편의상 두 단계만 진행했지만, 데이터와 속성이 많다면 훨씬 많은 단계를 반복해야 합니다. 하지만 모든 학습 데이터를 잘 나누기 위해 모형을 크고 복잡하게 만들면 새로운 데이터에 대해서는 성능이 떨어지게 됩니다. 이를 과적합이라고 하는데 기계학습을 사용할 때 항상 피해야 합니다. 보통은 크게 만들어 놓고 또 다른 데이터를 이용해서 과적합된 분기를 제거하는 방식을 사용합니다.

기계학습에는 결정 트리 이외에도 선형 회귀, 신경망, 지지 벡터 기계, 랜덤 포레스트 등 다양한 방법이 있습니다. 어떤 방법을 사용하더라도 데이터 분석은 데이터를 기반으로 패턴을 찾아 다양한 분야에서 더 나은 의사 결정을 하도록 도움을 줍니다.

18

빅데이터는 결국 빅브라더가 될까?

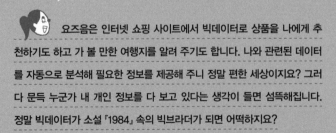

요즈음은 인터넷 쇼핑 사이트에서 빅데이터로 상품을 나에게 추천하기도 하고 가 볼 만한 여행지를 알려 주기도 합니다. 나와 관련된 데이터를 자동으로 분석해 필요한 정보를 제공해 주니 정말 편한 세상이지요? 그러다 문득 누군가 내 개인 정보를 다 보고 있다는 생각이 들면 섬뜩해집니다. 정말 빅데이터가 소설 『1984』 속의 빅브라더가 되면 어떡하지요?

빅데이터는 매우 다양한 분야에서 활용되고 있습니다. 미국에서는 탈세자의 과거 데이터를 분석하여 유사한 패턴을 보이는 사람을 감시하는 탈세 방지 시스템을 만들었습니다. 이를 위해 페이스북이나 트위터의 개인 정보를 사용했지요. 또 프랑스에서는 일반인들의 스마트폰에서 얻은 소음 정보와 GPS 정보를 종합적으로 분석해서 소음 지도를 제작했습니다. 이때 해당 소음이 감지되는 지점에서는 스마트폰 사용자의 위치 정보가 사용됐습니다. 국내에서도 심야 시간대의 버스 노선을 결정하는 데 통신 회사의 통화 데이터를 사용했습니다. 늦은 밤 대중교통을 이용하는 수많은 사람에게 편리한 서비스를 제공한다는 합당한 이유로 개개인의 통화 데이터를 사용한 것이지요.

이렇게 우리는 보다 좋은 서비스를 제공하려 한다는 목적을 위해 개인의 정보를 제공하고 있습니다. 빅데이터 자체가 많은 사람의 정보를 공유하여 타인에게 노출함으로써 새로운 가치를 만들어 내는 방식이기 때문입니다. 마치 조지 오웰의 소설 『1984』에 등장하는 빅브라더의 현실판처럼 보입니다.

》 빅데이터의 《
양면성

이 소설 속에 등장하는 '빅브라더'는 세상의 모든 정보를 관리해서 사회를 통제하는 커다란 권력입니다. 지구가 세 개의 전체주의 국가로 나뉘어 있고, 각 정부가 국민의 일상생활을 빈틈없이 통제하는 세상을 그리고 있습니다. 곳곳에 설치된 감시 카메라와 마이크로 사람들의 일거수일투족을 감시하는 통제된 디스토피아입니다. 소설 속의 세상에서는 사람들의 생각과 믿음까지 지배되는데 이 소설의 시대적 배경이 1984년입니다. 하지만 1984년에서 수십 년이 지난 지금 그런 독재자는 허구 속의 상상일 뿐이라고 치부되지요. 그런데 최근에 빅데이터가 빅브라더가 되지 않을까 우려하는 사람들이 늘어나고 있습니다.

우리는 인터넷상에 널려 있는 정보를 찾기 위해서 검색 엔진을 사용합니다. 다양한 검색어를 입력하는데, 그것들이 모이면 내가 무엇에 관심이 있고 심지어 무엇을 하려는지 알아낼 수 있습니다. 예를 들어 여행지나 항공권, 맛집 등을 주로 검색했다면 어딘가 여행을 떠나려는 것으로 추측할 수 있겠지요. 또 스마트폰의 위치 추적 기능은 감염병을 관리하는 데도 매우 유용합니다. 하지만 내가 움직이는 모든 경로가 공개된다면 개인의 사생활이 침해될 소지가 있습니다. 온라인상에 쌓인 우리의 개인적인 데이터를

빅데이터가 뭘까?

모아 분석한다면 소설 속의 빅브라더와 다를 것이 없겠지요. 빅
데이터가 편리하고 안전한 사회를 위한 것이라고 하지만 실제로
는 나와 내 주변을 끊임없이 감시하고 침해할 수도 있습니다.

》개인 정보 보호는《
빅데이터 활용에 선결 조건

정보의 활용만큼 중요한 것이 바로 정보의 보호입니다. 우리나라
의 정보통신망법에 의하면 개인 정보란 주민 등록 번호 등에 의해
서 특정한 개인을 식별할 수 있는
생존하는 개인에 관한 정보를 말
합니다. 하지만 현실적으로는 불

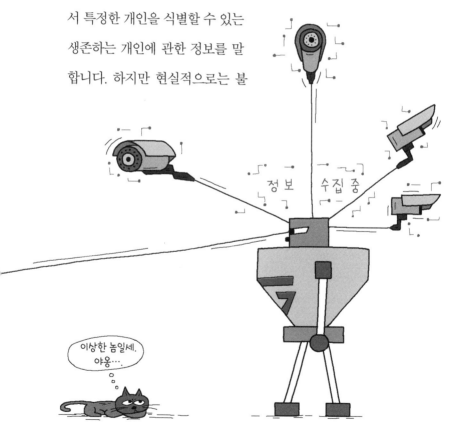

확실한 온라인상의 다양한 데이터를 분석해도 개인을 알아낼 수 있습니다. 또한 온라인상에 누군가의 동영상을 유포하는 것과 같이 개인이 동의하지 않은 정보의 노출도 가능합니다. 그러니 개인 정보를 안전하게 보호하기 위해서는 강력한 법이 필요하겠지요.

하지만 엄격한 수준의 개인 정보 규제가 빅데이터의 활용을 위축시킬 수 있다는 문제도 있습니다. 이러한 상황에서 빅데이터를 지속적으로 발전시키기 위해서는 개인 정보 침해에 대한 문제는 물론이고, 지적 재산권에 대해서도 심도 있게 검토하여 법을 개선해야 합니다. 이는 개인의 문제만이 아니기 때문에 정부와 기업도 함께 참여하는 사회적인 논의가 필요합니다. 풍요로운 인간의 삶을 위해 자유롭고 효율적으로 정보가 사용될 수 있도록 하면서도 위험을 최소화하는 방법을 함께 찾아야 합니다. 인터넷에 존재하는 개인 정보를 보호하기 위해 규칙을 어떻게 관리하는 것이 최선인지 계속해서 검토하는 것이 빅데이터가 빅브라더라는 괴물이 되지 않도록 하는 것일 테니까요.

19

빅데이터로 얻은 결과를 믿어도 될까?

아이스크림은 언제 가장 잘 팔릴까요? 날씨가 더우면 시원한 아이스크림을 찾는 사람이 많아지겠죠. 하지만 실제 판매 데이터를 보면 25~30도에서는 잘 팔리다가 30도를 넘어서면 더 시원한 청량음료를 찾는 사람이 늘어나 오히려 판매가 줄어든다고 해요. 이렇게 빅데이터를 분석하면 알고 있던 상식이나 직관을 뛰어넘는 통찰을 얻을 수 있지요. 그럼 이제 모든 결정은 빅데이터에 맡기면 되는 걸까요?

빅데이터는 객관적 의사 결정을 가능하게 합니다. 보통 회사에서 상품의 마케팅은 지금까지의 경험을 바탕으로 직관에 의존해 왔습니다. 스포츠에서도 마찬가지이지요. 예를 들면 야구에서 보통 타율이 높거나 발이 빠른 선수가 승리에 결정적이라고 알려져 있었습니다. 그런데 실제 데이터를 분석해 보니 타율보다는 출루율이 승리에 도움이 되고 기동력보다는 장타력이 더 효과적이라고 합니다. 미국 메이저리그의 한 구단에서 데이터 분석으로 큰 효과를 봤다고 알려지면서 이제는 우리나라 프로 야구팀들도 데이터 분석을 적극적으로 도입하고 있습니다. 확실히 빅데이터는 주먹구구식 직관 대신 숨어 있는 가치를 발견하는 데 도움이 되니까요. 그렇다면 빅데이터로 분석한 결과는 따져 볼 필요도 없이 그대로 따르면 될까요?

》 빅데이터 예측의 《
허와 실

검색 엔진으로 유명한 구글에서 독감 유행 예측 시스템을 만들었습니다. 이 시스템은 미국 질병통제 예방센터보다 더 빠르고 정확하게 독감의 발생과 전염 경로를 예측한다고 합니다. 의료 분야의 전문 지식이 없는 IT 회사가 어떻게 이런 걸 만들 수 있었을까요? 바로 검색 엔진에 입력된 검색어를 분석한 것입니다. 구글은 독감이 발병하기 전과 후에 입력된 검색어를 분석해서 상관성을 찾아냈습니다. 독감의 증상이나 치료와 관련된 검색어가 입력된 지역이 시간에 따라서 어떻게 변하는지 분석하면 독감의 전염 경로를 예측할 수 있겠지요. 실제 독감의 병리학적인 전염 경로와 관계없이 검색어만을 분석해도 독감의 확산 정도를 알 수 있고, 심지어 더 빠르게 알 수 있다니 빅데이터의 위력을 다시금 실감하겠지요?

그런데 구글은 더 이상 이 연구를 진행하지 않습니다. 예측 결과를 좀 더 깊이 있게 따져 보니 이 시스템의 정확도가 미국 보건 당국의 예측에 비해 25% 정도 떨어진다는 사실을 알아냈습니다. 왜냐하면 독감에 걸렸다고 생각하게 하는 여러 증상 중에서 실제로 독감에 걸려서 발생하는 경우는 20~70% 정도이기 때문

입니다. 독감과 관련해서 검색하는 사람이 실제로는 독감에 걸리지 않았을 수도 있다는 것이지요. 이와 유사한 사례는 많습니다. 글로벌 빅데이터 분석 툴인 크림슨 헥사곤(crimson hexagon)은 트위터와 페이스북에서 독감을 언급한 글들을 분석해서 독감을 예측했는데, 사람들의 의도를 정확히 알 수 없기도 했고 사용한 데이터가 전 세계 모든 사람을 대표하지도 못했기 때문에 결과의 신뢰성을 보장하지 못했습니다.

》 빅데이터 분석 결과를 《
맹신하면 안 되는 이유

데이터를 많이 모으고 분석 방법을 적용하면 어찌 되었든 결과가 나옵니다. 문제의 본질과 관계없이 데이터상의 패턴을 수학적으로 계산해서 수치로 결과를 내놓기 때문입니다. 많은 양의 데이터에 근거하여 분석했으니 감으로 내렸던 결과보다는 정확할 것이라고 가정합니다.

하지만 데이터에 존재하는 관계만을 가지고 결과를 내면 문제에 따라서는 엉뚱한 결론에 도달할 수도 있습니다. 미국에서 개발한 범죄 예측 시스템은 이제까지 발생한 범죄 데이터를 분석해서 다양한 조건에 따라 범죄가 발생할 가능성이 가장 높은 지역을 찾습니다. 이 결과를 이용해서 범죄 발생 가능성이 높은 지역에 경찰관을 집중적으로 배치하면 치안에 도움이 되겠지요. 그런데 이 시스템은 왜 그런 예측을 했는지 인과 관계를 설명하지 못합니다. 범죄율이 감소했다고 해도 예측이 정확해서인지, 아니면 데이터 분석 때 놓친 또 다른 요인에 의한 것인지 장담할 수 없습니다.

더 큰 문제는 완벽할 수 없는 결과를 이용해서 심각하게 중요한 결정을 내리는 경우에 발생합니다. 만일 이 범죄 예측 시스템을 발전시켜 잠재적인 범죄자를 찾아낸다고 합시다. 이 시스템은 과거 데이터를 바탕으로 분석해서 최상의 예측 결과를 내놓을 것입니다. 하지만 그 결과가 완전히 정확하지 않다면, 잘못 판정된 사람에게는 커다란 문제를 일으킬 수 있습니다. 따라서 빅데이터의 분석 결과를 맹목적으로 따르기보다는 문제에 따라 이미 갖고 있는 선험적인 직관이나 통찰로 보완하거나 객관적으로 입증하는 도구로 활용하는 것이 안전할 것입니다.

인공지능 스포츠 데이터 분석

아니, 저 감독님은 손에서 아이패드를 안 놓으시네.

무슨 영상을 보고 계시는 건가?

저건 말이지….

어, 넌 또 어디서 나타나는 거야?

나, 너희들이 궁금해하면 언제든지 나타나는 AI 로봇 요정이잖아.

그래? 그런데 도대체 감독님 손에 들린 아이패드는 뭐야?

그리고 저 손짓은 무슨 뜻이야?

한번에 하나씩만 물어보라고!

알겠어, 알겠어.

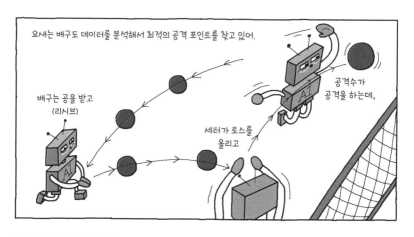

요새는 배구도 데이터를 분석해서 최적의 공격 포인트를 찾고 있어.

배구는 공을 받고
(리시브)

세러가 토스를
올리고

공격수가
공격을 하는데,

배구 데이터 분석 소프트웨어인 'DATA Volley'는 세러가 토스를 올리는 위치를 예측해 주거든.

Volley
1
2
3
4
5
6
7

그걸 감독이 선수들에게 손가락으로 지시를 내리는 거야.

저기야, 저기!!!!

이제는 AI 도움 없이는 경기에서 이기기 어렵겠는걸.

와~ 대박!

나도 이제 AI의 도움을 받아야지. AI, 이번 수학 시험에서 100점 받는 법을 알려 줘.

그건 AI도 불가능한 일이라고.

나도 나도!

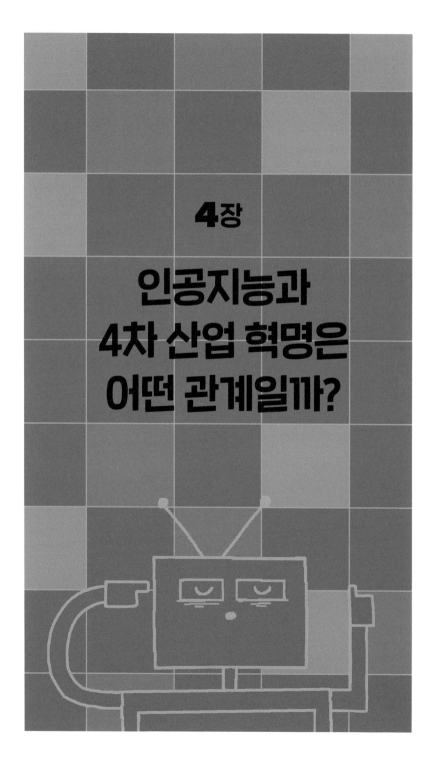

4장

인공지능과
4차 산업 혁명은
어떤 관계일까?

20

왜 4차 산업 혁명이라고 할까?

산업 혁명 하면 찰리 채플린의 영화 〈모던 타임즈〉가 떠오릅니다. 여러 톱니바퀴가 맞물린 컨베이어 벨트 위에 규격이 맞는 제품들이 착착 조립되는 모습 말이지요. 대량 생산을 하게 된 그 시대를 지나 지금은 네 번째 산업 혁명을 이야기합니다. 이 4차 산업 혁명은 대체 무엇일까요?

인류 역사를 통틀어 보았을 때 지금처럼 보편적인 부를 누리던 적은 없었습니다. 과거 농업과 가내 수공업에 머물던 때 인구가 급격히 증가하자 이를 감당할 만한 대량의 생산력을 갖추는 것이 필요해졌고, 돌파구가 된 것이 산업 혁명입니다. 18세기 영국에서 시작된 산업 혁명은 석탄을 이용한 증기 기관을 활용해 철강과 섬유를 중심으로 대량 생산을 가능하게 했지요. 뒤이은 19~20세기에는 석유와 천연가스를 활용한 전기 에너지를 이용하여 합금이나 플라스틱과 같은 합성 제품을 만들었고, 기계와 도구가 발전하여 자동화가 진전되었습니다. 이 둘을 굳이 구분해서 1차 산업 혁명, 2차 산업 혁명이라고 부릅니다.

3차 산업 혁명은 20세기 후반 컴퓨터와 인터넷을 기반으로 발전한 새로운 경제 패러다임을 말합니다. 다른 말로는 정보화 혁명이라고도 하지요. 정보 통신 기기를 활용하여 무형의 이익을 제공하는 서비스업을 발달시켜 정보화 사회를 이끌어 내었지요.

그런데 요즘 주변에서는 4차 산업 혁명을 이야기하고 있습니다. 4차 산업 혁명은 2016년 세계 경제 문제에 대해 토론하는 세계 경제 포럼(다보스 포럼)에서 포럼의 창립자이자 회장인 클라우스 슈바프가 제시한 것입니다. 4차 산업 혁명은 앞선 산업 혁명과는 좀 다릅니다. 한두 가지 기술에 의존하지 않고 다양한 기술로 상품과 서비스를 생산·유통하고, 소비하는 전 과정에 영향을 미치는 산업 혁명입니다. 사람과 사물, 사물과 사물이 통신망으로 연결되고, 여기에서 발생하는 빅데이터를 분석하여 패턴을 파악

하고 지능화함으로써 새로운 성장 동력을 얻는 것입니다. 그런데 앞선 산업 혁명을 잘 발전시키면 될 텐데, 사람들은 왜 자꾸 새로운 걸 만들까요?

》 인류가 직면한 경제적 어려움을 《 돌파하기 위한 4차 산업 혁명

20세기 후반, 세계 경제는 매우 어려운 난관에 봉착했습니다. 인구의 고령화로 숙련된 노동자의 연령이 높아지고 저출생으로 노동 가능한 인구가 감소하면서, 경제는 저성장과 저소비라는 문제에 빠졌지요. 자본주의 경제를 계속 유지하려면 새로운 돌파구가 필요했는데, 다행히도 지난 3차 산업 혁명의 결과로 효율적인 생산이 가능한 정보 통신 기술이 확보되어 있었지요. 이를 특히 제조업 분야에 활용하여 생산성을 높이고자 한 것이 4차 산업 혁명의 시작이라고 할 수 있습니다.

먼저 시동을 건 곳은 독일입니다. 독일은 원래 제조업 비중이 큰 나라인데, 노동자의 평균 연령이 높아진 데다 저비용으로 대량 생산을 하는 중국, 인도와의 가격 경쟁에서 어려움을 겪었습니다. 이에 제조업과 정보 통신 기술을 융합하는 인더스트리 4.0을 시작하면서 빈 공장을 IT 기술로 채우고 자동화시스템을 이루어 나갔습니다. 한편 미국은 컴퓨터와 인터넷을 활용한 플랫폼을 기반으로 산업 인터넷을 주창했습니다. 산업 기기와 공공 인프라에 설치된 센서로부터 데이터를 수집하고 분석해서 기업을 효율적으로 운영하고 있습니다. 일본은 보유하고 있는 로봇 기술을 기반으로 얻어진 데이터를 활용하여 제조 공정이나 병간호를 자동화하는 등 산업 부흥 계획을 실시하고 있습니다. 중국도 노동 집약적인 제조 방식을 뛰어넘기 위해서 IT 기술을 이용한 지능형 생산 시스템을 구축하고 있습니다.

》 우리나라도 4차 산업 혁명이 《
진행 중

우리나라도 앞장서서 4차 산업 혁명을 진행하고 있습니다. 2017년에 일찍이 대통령 직속으로 4차 산업 혁명 위원회를 설치했지요. 여기에서 제시한 변화된 미래의 모습은 가히 놀랍습니다. 의료 분야에서는 개인 맞춤형 정밀 의료와 신약 개발이 가능하고, 제조 분야에서는 스마트 공장을 고도화하고 지능형 제조 로봇이 확산된다고 합니다. 또 금융과 물류 분야에서는 금융과 정보 기술이 결합한 핀테크(Fintech)가 활성화되고 스마트 물류 센터와 항만이 실현됩니다. 농수산업 분야에서도 스마트팜과 양식장이 확산되고, 스마트 재해 대응도 가능해집니다. 환경 분야에서는 미세먼지와 환경 오염에 대응할 수 있습니다. 스마트 상하수도 시스템의 보급도 기대되고요. 이렇게만 된다면 4차 산업 혁명을 통해 모든 분야에서 지금보다 편리하고 안전해지는 미래가 만들어지겠지요?

21

사물 인터넷이 중요하다고 ?

하루도 인터넷 없이 살기 어려운 세상이 되었습니다. 어쩌다 인터넷이 되지 않는 곳에 가면 마치 세상과 단절된 듯한 불안함이 느껴지기도 하지요. 최근에는 사물 인터넷이라는 소리가 많이 들리는데, 일상의 사물들도 그렇게 느낀다는 걸까요? 4차 산업 혁명의 기반 기술이라고 알려진 사물 인터넷은 무엇일까요?

사물 인터넷(IoT, Internet of Things)은 말 그대로 사물을 인터넷에 연결하는 기술입니다. 인터넷은 잘 알다시피 통신을 통해서 컴퓨터를 연결하는 것이지요. 네트워크의 네트워크란 의미로 모든 컴퓨터를 하나의 통신망으로 연결하려고 만든 것입니다. 월드 와이드 웹(www)이 보급되어 문자나 사진, 음악을 동일한 형식으로 교환할 수 있게 되면서 폭발적으로 사용되기 시작했습니다. 그러면 사물 인터넷은 무엇을 연결한다는 말일까요? 이것이 물리적으로 연결하는 것은 '센서'입니다. 사물에 내장된 센서를 통신으로 서로 연결하는 것이죠.

센서는 뭔가를 측정하는 장치입니다. 온도 센서는 주변의 온도를, 조도 센서는 빛을, 가속 센서는 속도의 변화량을 측정합니다. 우리가 사용하는 스마트폰에도 가속도, 방향, 소리, 온도 등을 측정하는 20여 개의 센서가 들어 있고, 자동차에는 200여 개의 센서가 사용됩니다. 센서로 측정된 값은 각 사물의 상태를 알아내는 데 매우 유용합니다. 측정값들이 통신으로 서로 연결되어 그 연관성을 따져 볼 수 있다면 새로운 서비스를 만들어 낼 수 있습니다. 먼저 사물 인터넷이 어떻게 활용되는지 알아볼까요?

》 일상생활에 유용하게 쓰이는 《 사물 인터넷

걷기 운동을 하는 사람들은 걸음 수를 측정하는 만보기를 이용해 운동량을 확인할 수 있습니다. 만일 손목에 스마트밴드나 스마트

인공지능과 4차 산업 혁명은 어떤 관계일까?

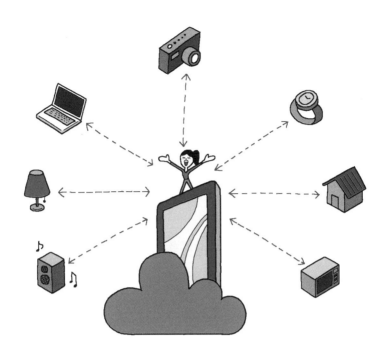

워치를 찬다면 걸음 수 이외에도 다양한 정보를 알 수 있습니다. 몇 걸음을 몇 분 동안 걸었는지, 심지어 계단을 오르내렸는지도 알 수 있고, 심장 박동, 수면 시간, 하루의 칼로리 소모량 등까지 측정할 수 있습니다. 이 모든 기록을 스마트폰으로 확인할 수 있습니다. 단순히 측정된 값만 알려 주는 것이 아니라 건강을 위한 조언을 해 주기도 합니다. 또 체중계로 측정한 체중과 체지방을 운동량과 비교해서 운동 관리를 해 줄 수도 있습니다.

집 안의 여러 곳에도 센서를 부착할 수 있습니다. 출입문에 설치된 센서는 방문한 사람이 누구인지 또 누가, 언제, 얼마나 자주 들락거렸는지를 측정해서 스마트폰으로 알려 줍니다. 구글의 네스트 온도 조절기는 사람이 있는지 없는지를 감지하고 집 안의 온도를 측정하여 자동으로 조절해 줍니다. 이렇게 하면 수동으로 관리하는 것보다 에너지 효율이 높아져 전기료를 아낄 수 있습니다. 또 애플이 준비 중인 AR 글라스처럼 안경 형태의 장치와 연결하면 굳이 스마트폰을 보지 않아도 지도를 보며 음성으로 정보를 검색할 수 있고, 하늘을 보며 가상 현실 기술로 날씨를 볼 수도 있습니다.

》 사물 인터넷은 《
4차 산업 혁명의 기반

또 센서를 제조 공장의 다양한 설비에 부착하면 각종 기기의 상태를 측정할 수 있습니다. 기기들 사이의 측정값들을 종합적으로 분석하면 설비의 이상 유무를 확인하여 고장을 미리 방지할 수 있겠지요. 나아가 고장이 나기 전에 해당 기기를 교체하면 제조 공정을 멈추지 않아도 되므로 비용을 절감할 수 있습니다. 이처럼 센서로 수집된 많은 데이터를 분석하고, 그 결과를 스마트폰과 같은 장비로 공유함으로써 효율성과 생산성을 높이게 됩니다. 사물 인터넷은 사람과 사물, 그리고 공간을 조밀하게 연결해서 생산성을 높이고자 하는 4차 산업 혁명의 기반이 된다고 볼 수 있습니다.

사물 인터넷은 5G 네트워크와 인공지능의 발전에 힘입어 시간을 절약해 주고 더 편리한 생활을 할 수 있도록 합니다. 하지만 여기에서 측정되고 연결되는 데이터가 특정 집단에게 해킹되어 유출된다면 심각한 문제를 일으킬 수도 있습니다. 최근 가정이나 공장에 사물 인터넷 기기의 도입이 늘면서 실제로 범죄자들이 공격하려는 시도가 많아지고 있습니다. 앞으로도 사물 인터넷 기기가 안전하고 편리하게 사용되기 위해서는 정보 보안을 위한 기술이 개발되어야 합니다. 이를 통해 개개인이나 제조 공장에 국한하지 않고 더 광범위한 공간에서 편리함을 주는 스마트시티까지 확대 적용될 수 있습니다.

22

인공지능은
4차 산업 혁명에서
어떤 역할을
할까?

인공지능은 외부를 인식하고 추론하며 적응하는 지능을 인공적

으로 실현하는 기술입니다. 반면에 4차 산업 혁명은 사람과 사물, 공간을 초

연결해서 산업과 사회에 혁신을 일으키는 것입니다. 인공지능은 4차 산업 혁

명의 핵심 기술이라고 하는데, 도대체 이런 혁신을 일으키는 데 인공지능이

어떤 역할을 할까요?

4차 산업 혁명은 정보 통신 기술을 이용하여 제조업 분야의 효율성과 서비스업 분야의 편의성을 높이는 것입니다. 여러 기술을 복합적으로 사용하여 이런 목적을 달성하려면 뭔가 중심이 필요하지 않을까요? 그것이 '인공지능 소프트웨어'입니다.

예를 들어 과수원을 혁신적으로 경영하기 위해 스마트팜을 구축한다고 해 봅시다. 드넓은 과수원의 나무들 각각의 성장과 병충해 정도에 따라서 언제 어떤 비료와 농약을 살포할지 잘 결정하면 과일의 수확량을 늘릴 수 있습니다. 이제까지는 농부의 지식과 경험을 이용하여 상황에 따라 결정했지만, 앞으로는 여기에 4차 산업 혁명의 기술들을 활용할 수 있겠지요.

먼저 과일나무의 상태와 병충해 정도를 알아내는 센서를 설치합니다. 그다음으로 적외선 센서, 온도 센서, 카메라가 설치된 드론으로 과수원 주위를 비행하면서 각 나무에 달린 과일 수를 세고 수확량을 측정합니다. 또 나무 잎사귀의 양과 분포를 측정하고 조도를 계산해서 나무의 광합성 정도까지 모으면 매우 방대한 데이터가 됩니다. 이렇게 수집한 빅데이터로부터 과수원에 맞는 최적의 환경 요인을 찾아내고, 이를 바탕으로 자동으로 농작물을 관찰하고 관리합니다. 이 과정을 한 번에 끝내지 않고 장기간 진행하면 농장은 최적의 상태로 관리될 것입니다. 이렇게 데이터를 효과적으로 관리하고 분석하고 제어하는 걸 누가 할까요? 바로 인공지능 소프트웨어입니다.

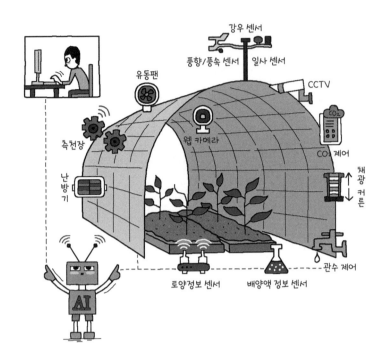

강우 센서
풍향/풍속 센서   일사 센서
유동팬
CCTV
CO_2
축전장
웹 카메라
CO_2 제어
채광 커튼
난방기
토양정보 센서   배양액 정보 센서   관수 제어
AI

》 인공지능은 《
컨트롤 타워

인공지능 소프트웨어는 일반적으로 제조 현장에서 쏟아지는 빅데이터를 지능적으로 처리해서 제조업과 서비스업 분야의 효율성과 편의성을 높이는 데 활용됩니다. 이때 쓰이는 인공지능 기술은 대부분 많은 계산을 해야 하기 때문에 데이터의 저장에서부터 네트워크까지 한번에 사용할 수 있는 클라우드 컴퓨팅과 같은 고성능 컴퓨터 환경이 필수적입니다. 그렇게 되면 인공지능은 마치 컨트롤 타워처럼 빅데이터를 분석, 관리하는 소프트웨어로서의 핵심 역할을 수행할 것입니다. 인공지능이 필요에 따라 상황을 해석하고 스스로 자동 갱신함으로써 새로운 4차 산업 혁명이 가능해지는 셈이지요.

인공지능을 어떤 문제라도 해결할 수 있는 마법의 열쇠로 여기는 사람들도 있습니다. 하지만 인공지능으로 성공을 거두려면 풀고자 하는 문제를 잘 이해하고 정형화하는 노력이 선행되어야 합니다. 그래야만 인공지능 기술을 잘 활용할 수 있습니다. 최근에는 오픈 소스 사이트에 인공지능 기술이 거의 실시간으로 공개되면서 한편에선 더 이상 인공지능에 컴퓨터 프로그래밍은 필요 없다는 말이 나올 정도입니다. 그런데 역설적이게도 모든 게 공개되는 환경에서는 소프트웨어 공학자의 능력이 오히려 중요해집니다. 인공지능을 잘 활용하기 위해서는 문제 해결형 컴퓨터 코딩 능력을 키우는 것이 필요합니다.

》 인공지능 하나보다 《 최선의 기술 여러 개가 더 나아

인공지능의 역사를 돌이켜 보면 "태양 아래 새로운 것은 없다"는 말이 떠오릅니다. 딥러닝처럼 매우 새로운 듯 보이는 기술도 사실은 꽤 오래전에 만들어진 방법인 경우가 허다합니다. 그럼 인공지능을 막연한 미래 기술이 아니라 4차 산업 혁명 시대를 선도하는 실질적 기술로 활용하려면 어떻게 해야 할까요? 실제 문제를 해결하려면 완성된 인공지능 기술 하나를 사용하기보다 최선의 기술을 여러 개 모아 해결책을 만들어야 합니다.

　인공지능 분야엔 수십 가지의 다양한 기술이 존재합니다. 각 방법에 특장점이 존재하기 때문에 이들을 복합적으로 활용하면 시너지 효과를 거둘 수 있습니다. 이렇게 볼 때 인공지능 기술 자체도 중요하지만, 그것 못지않게 풀고자 하는 문제의 특성을 체계적으로 분석, 정리하고 각 부분에 적합한 인공지능 기술을 복합적으로 활용하는 지혜가 필요합니다. 당면한 문제를 잘 정의하고 적절한 인공지능 기술을 결정했다면 끝까지 밀어붙이는 인내와 끈기로 성공을 거둘 수 있을 것입니다.

23

스마트 공장은 무엇이 다를까 ?

백화점이나 마트에는 일상생활에 필요한 수많은 제품이 진열되어 있습니다. TV나 냉장고는 물론이고 옷이나 신발 등 어느 것 하나 현대 사회에 없어서는 안 되는 물품이지요. 원재료를 가공해서 이러한 제품들을 생산하는 산업을 제조업이라고 합니다. 최근에는 제조업이 인더스트리 4.0이라는 이름으로 혁신을 추구한다고 하는데, 4차 산업 혁명과 어떤 관계가 있는 것일까요?

보통 제조업은 최소의 비용으로 제품을 대량 생산하여 큰 이익을 내고자 합니다. 이를 위해 1차, 2차 산업 혁명을 거치면서 컨베이어 벨트가 도입되고, 산업용 로봇이나 다양한 기기를 활용한 자동화가 진행되어 왔습니다. 또 3차 산업 혁명을 통해 컴퓨터를 이용한 자동화를 확대해 왔는데, 아쉽게도 생산성은 시장이 원하는 만큼 향상되지 않았습니다.

대량 생산을 효율적으로 하는 기존 방식으로는 새롭게 바뀌는 개별 주문 생산, 즉 다양한 제품을 소량으로 생산하는 것이 어렵기 때문입니다. 예를 들어 다양한 종류의 의류를 개인의 취향에 맞춰서 생산하는 방식은 전통적인 컨베이어 벨트 방식으로는 불가능합니다. 컨베이어 벨트에서 제품은 수동적으로 만들어지는 대상이기 때문입니다.

다품종 소량 생산을 위해서는 제품이 스스로 생산 과정을 주도하는 방식이 필요합니다. 중앙에서의 통제를 없애고 제품과 기계 설비가 서로 의사소통하며 작업을 해야 합니다. 이와 같은 방식을 인더스트리 4.0이라고 합니다. 4차 산업 혁명으로 가능해진 제조업 분야의 혁신이라고 하여 '4.0'을 붙인 거지요. 그렇다면 인더스트리 4.0은 언제 어디에서부터 시작되었을까요? 또 중앙의 통제 없이 제품과 기계 설비가 서로 의사소통하며 작업한다는 것은 무슨 뜻일까요?

》독일에서 시작해 《
널리 퍼진 인더스트리 4.0

제조업에서 전통의 강자인 독일은 생산 단가를 낮추기 위해 1990년대에 많은 공장을 해외로 옮겼는데, 곧 문제를 깨닫고 공장을 국내로 되돌리는 리쇼어링(국내복귀)을 시작했습니다. 리쇼어링은 저렴한 인건비를 찾아 해외로 떠난 제조 공장을 국내로 돌아오도록 하는 정책입니다.

독일 정부는 장기간의 논의를 거쳐 2011년부터 기존 제조업에 정보 통신 기술을 접목해 산업 구조를 혁신하는 인더스트리 4.0을 제시하면서 공장들을 독일로 돌아오도록 했습니다. 생산 설비에 센서를 부착해 생산 전 과정을 서로 연결하여 데이터를 수집하고, 이를 통합하여 분석했습니다. 이를 통해 장비를 모니터링하고 공장 설비를 최적화하여 예측을 통한 유지 보수가 가능한 스마트 공장을 만드는 방식이었지요. 이런 과정을 통해 인건비 문제를 해결하고 생산 단가를 낮출 수 있었습니다.

스마트 공장은 공장 내 곳곳에 설치된 센서를 통해 생산 현황을 자동으로 분석하고 작업을 스스로 제어하는 공장입니다. 대표적인 사례로는 미국의 제너럴일렉트릭과 독일의 지멘스를 들 수 있습니다.

제너럴일렉트릭은 공장 설비에 센서를 부착하고 설비와 설비, 공장과 공장을 사물 인터넷으로 연결해서 설비의 이상 유무를 사전에 확인합니다. 또 스마트 공장에서 발생하는 데이터를 인공

지능으로 분석하는 산업용 클라우드 플랫폼인 '프레딕스(Predix)'
를 내놓았습니다. 프레딕스는 작은 스타트업 기업부터 세계적 자
동차 부품 제조업체인 보쉬에 이르기까지 다양한 기업들이 사용
하고 있습니다.

전기전자 기업인 지멘스는 산업용 IoT 플랫폼인 '마인드스피
어(Mindsphere)'를 내놓았으며, 데이터 기반의 수집과 분석, 제어
자동화를 통해 공정을 자동화했습니다. 특히 암베르크시에 있는
공장에서 생산되는 모든 제품에 바코드를 부착해 제품 생산 과정

인공지능과 4차 산업 혁명은 어떤 관계일까?

을 실시간으로 관리하여 불량률을 거의 0에 가까운 0.0011%로 줄였습니다.

》 고객의 개별 요구를 《 맞추면서도 저렴하게

인더스트리 4.0에서 생산되는 제품은 기존의 대량 생산 방식에서 생산된 제품과 달리 개인별로 특화된, 개별 고객의 요구 사항을 충족시킵니다. 이전의 개인별 맞춤형 제품들은 대부분 가내 수공업 방식으로 생산되어 품질이 일정하지 않고 비용도 많이 들어갔습니다. 하지만 인더스트리 4.0에서 생산된 제품은 이와는 달리 현재의 대량 생산과 유사한 수준으로 품질을 유지하면서도 저렴한 가격으로 판매됩니다.

예를 들어 미국의 로컬모터스 같은 자동차 회사는 개인의 요구 사항에 맞춰 자동차를 만듭니다. 고객의 주문을 받으면 3D 프린터를 활용해서 44시간 만에 개개인의 취향에 맞춘 전기 자동차를 만들어 내지요. 이와 같은 새로운 제조 방식이 확산되면 개별 고객의 요구를 대량 생산 제품의 가격으로 맞춰 생산할 수 있을 것입니다.

이러한 스마트 공장의 추진은 제조업의 생산성 향상에 큰 영향을 미치겠지만, 생산 이외에 다양한 사항을 고려해야 합니다. 자동화에 따른 안전 사고나 일자리 대체 등 다양한 사회적 문제도 파생시킬 것이기 때문입니다. 따라서 정보 보안이나 고용 문제 등 스마트 공장의 추진으로 인해 발생할 수 있는 여러 다양한 문제들도 함께 고민해야 궁극적인 인더스트리 4.0을 이룩할 수 있을 것입니다.

24

완전한 무인 자동차 시대가 올까?

얼마 전 미국의 테슬라 차량이 텍사스주 휴스턴에서 나무와 충돌해 탑승자가 사망하는 사고가 있었습니다. 이 차량은 운전자 없이 오토파일럿을 켜 놓은 상태로 주행하다가 고속도로 주행 중 굽은 길에서 속도 제어에 실패해 충돌한 후 불길에 휩싸였습니다. 운전하는 사람이 없어도 마음 편히 타는 자율 주행차는 불가능한 걸까요?

지금까지 자동차는 속도나 연비, 안전성 등 엔진을 중심으로 개발되었습니다. 하지만 최근에는 정보 통신 기술을 적용한 자율 주행차로 진화하고 있습니다. 자율 주행차는 운전자의 조작 없이 스스로 운행하는 자동차입니다. 지난 2010년 구글이 처음으로 자율 주행차를 선보인 이후, 전 세계 자동차 회사들이 자율 주행 기술 개발에 열을 올리고 있습니다. 벤츠는 2013년 무인 자동차로 100km 자율 주행에 성공했고, 아우디도 2014년에 자율 주행 기술을 공개했습니다. 기술적으로는 고속도로뿐만 아니라 도심에서도 주행 가능한 수준에 도달했지만, 자율 주행차에 설치되는 센서의 장비 가격이 아직 비싸서 상용화까지는 시간이 좀 더 필요합니다.

최근 자율 주행차 시장에 국내외 유명 자동차 회사는 물론, IT 기업들도 앞다투어 뛰어들고 있습니다. 미국이 자율 주행차 시장에서 주도권을 잡고 있고, 독일과 일본, 중국 등은 해외 업체와의 활발한 협력을 통해 자율 주행차를 개발하고 있습니다. 또 통신 기술을 활용해 신호등에서 보낸 전파를 자율 주행차에서 수신해서 신호등이 청색인지 적색인지, 또 언제 신호가 바뀌는지 등의 정보에 대응하는 기술도 개발되고 있습니다. 우리나라 기업 역시 자율 주행차 개발 경쟁에 참여하고 있으며, 현대자동차는 2021년 현재 미국 자동차공학회의 자율 주행 기술 수준 '4단계'를 인정받았습니다.

인공지능과 4차 산업 혁명은 어떤 관계일까?

》 자동차의 자율 주행 수준은 《
모두 6단계

국제 자동차공학회는 자율 주행차의 수준을 0단계에서 5단계까지로 분류합니다. '0단계'는 자율 주행 기능이 없는 일반 차량이고, '1단계'는 지정해 둔 속도에 맞춰 달리는 정도입니다. '2단계'는 부분 자율 주행으로, 자동으로 속도를 줄이거나 멈춰 서는 것이 가능합니다. 운전자가 운전대에서 손을 잠시 떼더라도 차선을 유지하면서 어느 정도의 거리를 달립니다. '3단계'는 조건부 자율 주행으로, 자동차는 고성능 센서나 레이더를 통해 도로 상황을 분석하면서 일정 구간을 스스로 운행합니다. 그렇지만 운전자는 운전석에서 돌발 사태를 대비하면서 언제라도 운전할 준비를 하고 있어야 합니다.

'4단계'는 고도 자율 주행으로, 운전자의 개입 없이도 목적지까지 안전하게 도달할 수 있습니다. 그러나 위급한 상황에서는 운전자가 운전대를 잡고 속도를 줄이는 것이 가능합니다. 마지막으로 '5단계'는 완전 자율 주행으로, 사람이 타지 않고도 움직이기 때문에 운전대와 브레이크가 없습니다. 긴급 상황에서 인공지능과 각종 센서들이 대응합니다. 사람이 탑승하지 않아도 자동차는 목적지까지 갈 수 있습니다. 현재 자율 주행 기술은 어디까지 와 있을까요? 기술적으로는 4단계까지 와 있습니다. 그럼 조금만 더 있으면 곧 자율 주행차가 전 세계의 도로를 누비게 될까요?

》법적·윤리적 문제를 《
먼저 해결해야 해

자율 주행차가 대중화되기 위해서는 필요성과 효용에 대한 충분한 사회적 토론과 합의가 선행되어야 합니다. 미국에서는 우버 자율 주행차가 보행자 사망 사고를 일으킨 적이 있는 만큼 기술의 안전성과 함께 사고 책임에 대한 법적 문제를 해결해야 합니다. 자율 주행차로 사고가 발생할 때를 대비해 책임 소재나 사고 처리를 위한 보험 제도도 재정비되어야 합니다. 또한 자율 주행차의 충돌 사고가 불가피한 경우에 누구에게 피해가 덜 가게 할 것인지에 대한 윤리적인 문제도 해결책을 준비해야 합니다. 10명의 보행자와 승객 중 누구를 살려야 할지 결정해야 하는 '트롤리 딜레마'를 지혜롭게 푸는 해결책이 필요합니다.

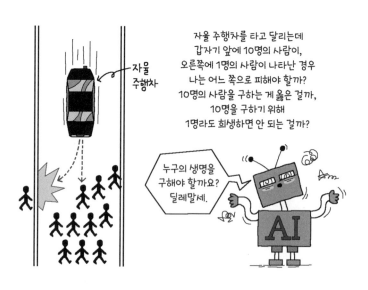

인공지능과 4차 산업 혁명은 어떤 관계일까?

이외에도 개인 정보 노출 문제 등 자율 주행차의 등장으로 새롭게 제기되는 문제들을 다각적으로 살피는 일이 수반되어야 합니다. 자율 주행차를 누구나 쉽게 이용하기 위해서는 단순히 기술적인 문제 이외에도 법과 제도, 규범을 합리적으로 정비해야 할 것입니다.

25

4차 산업 혁명은 모두를 좋아지게 할까?

4차 산업 혁명으로 공상 과학 영화 속 장면이 현실화되고 있습니다. 좀 더 발전하면 자율 주행차나 자율 드론이 자연스러운 이동 수단으로 사용되는 세상이 되겠지요. 하지만 혁명은 기존 체제를 파괴하는 것이기 때문에 예상하지 못한 여러 가지 문제가 생길 수 있습니다. 그렇다면 4차 산업 혁명이 가져올 문제는 어떤 것들이 있을까요?

4차 산업 혁명은 정보 통신 기술을 이용해서 초연결된 정보의 지능화를 추구합니다. 이를 통해 인간의 삶은 한층 풍요롭고 편리하게 될 것입니다. 가는 길을 모르거나 심지어 운전할 줄 몰라도 자율 주행차가 알아서 목적지까지 안전하게 데려다줄 것입니다. 또한 길이 끊겨 완전히 고립된 상황에서도 자율 드론으로 필요한 물품을 배송받는 세상에 살 수 있게 됩니다.

기술의 발전으로 서비스의 질이 향상될 뿐만 아니라 힘든 노동이나 자원의 낭비를 줄일 수도 있습니다. 스페인의 바르셀로나에서는 사물 인터넷을 도시 전체에 적용해 물과 전기의 사용을 최소화함으로써 연간 1,000억 원 이상 절감하고 있습니다. 확실히 4차 산업 혁명은 높은 생산성과 효율을 추구한다는 점에서 이점이 있습니다. 그런데 4차 산업 혁명에는 장밋빛 미래만 있을까요?

》 대량 실업과 《
사생활 침해가 우려돼

4차 산업 혁명으로 자동화가 심화되면 기존에 사람이 하던 많은 작업을 자동화 설비로 대체할 수 있게 됩니다. 무인 자동화 생산과 점원이 필요 없는 무인 매장, 운전자가 필요 없는 자율 주행차 등 생산과 유통, 소비가 무인 환경으로 변화합니다. 새로운 기술이 인간 노동을 빠르게 대체하면서 대량 실업이 불가피할 것입니다. 미국의 경제지 〈포브스〉는 현존하는 직업의 약 절반이 자동화가 발달하면서 사라질 것이라고 전망했습니다. 처음에는 비숙련

육체 노동자들을 대체하다가 점차 숙련된 전문 지식 노동자들까지 몰아낼 것입니다. 종국에는 전문가들조차 '궁극의 자동화'로 대변되는 4차 산업 혁명의 희생양이 될 수 있습니다.

4차 산업 혁명의 또 다른 특성은 연결입니다. 이 과정에서 사생활이 노출될 가능성이 높아집니다. 2015년 우리나라에서 스마트 냉장고가 해킹당하는 사고가 발생했습니다. 해커들은 암호화된 시스템을 뚫고 기기와 인터넷의 통신 과정에서 정보를 탈취했습니다. 스마트 냉장고가 설치된 집 근처에서 제품에 등록된 사용자의 구글 계정에 대한 권한을 훔쳤는데, 사생활 침해는 물론 개인 정보와 금융 정보까지 탈취할 수 있었습니다.

미국에서도 해커가 스마트 TV와 냉장고를 해킹하여 스팸 메일을 발송하는 사이버 공격 사례가 있었습니다. 기존에는 PC나 모바일을 통해 해킹 공격을 시도했다면, 이제는 사물 인터넷 기기들이 해킹의 통로가 되고 있습니다. 편리함을 위해서는 이를 안전하게 보호하는 노력이 뒷받침되어야 합니다.

》 양극화를 피하기 위한 《 노력이 필요해

4차 산업 혁명은 인류의 생산성을 큰 폭으로 높일 것입니다. 하지만 동시에 기술을 가진 선진국과 그렇지 않은 국가들 사이의 산업 역량 차이를 확대함으로써 부의 심각한 불평등을 가져올 가능성이 큽니다. 기술의 파급력이 크지 않다면 그 차이가 미미하겠지만, 4차 산업 혁명처럼 파괴적인 기술은 심각한 양극화를 가져올 것입니다. 이러한 불평등이 세계화와 맞물리면서 선진국의 제품들이 개발 도상국으로 지속적으로 유입된다면, 개발 도상국의 기업들은 경쟁력을 잃고 도태될 것입니다. 결국에는 개발 도상국의 경제가 선진국에게 잠식당하는 결과가 나타날 수도 있습니다.

산업 혁명의 가장 큰 속성 중 하나는 앞서 출발한 선발국과 뒤처진 후발국 간의 격차가 점점 커지는 양극화 현상입니다. 역사적으로 1차 산업 혁명을 기점으로 산업화한 나라는 지배자로 군림하고 산업화하지 못한 나라는 경제적 식민지로 전락한 사실을 볼 수 있습니다. 이러한 사실을 이해하고 산업 혁명과 과학 기술에 대한 오해와 불신을 해소하는 것이 급선무입니다. 4차 산업 혁명이 인류 문명의 발전과 인간의 행복을 위한 것이라는 사실에 대한 사회적 공감대가 필요합니다. 아무리 좋은 기술이라도 사용하는 사람의 의지에 따라서 악용될 수도 있을 테니까요. 기술은 그 기술을 만들고 사용하는 사람들에 따라서 흉기가 되기도 하고 이기가 되기도 합니다.

5장

인공지능,
뭐가 더 궁금해?

26

인공지능에도 감정이 있을까?

"우울해 보이네요. 신나는 댄스곡으로 기분 전환하실래요?" 인공지능 스피커를 사용하다 보면 마치 내 기분을 알아차리는 것 같아 신기할 때가 있습니다. 인공지능도 감정을 가지고 기뻐하거나 슬퍼할 수 있을지 궁금합니다. 똑똑한 인공지능과 감정적으로도 교감할 수 있다면 더 좋겠지요. 과연 인공지능은 인간의 감정을 이해하고 표현할 수 있을까요?

종종 영화에 등장하는 인공지능에 몰입이 잘 되는 이유는 인공지능이 너무나 인간적이어서입니다. 특히 인간과 같은 감정을 공유하고 있어서가 아닐까 생각합니다. 로빈 윌리엄스가 출연하는 영화 〈바이센테니얼 맨〉에서 로봇 앤드루가 친근하게 느껴졌던 것은 집안일을 사람처럼 잘해서가 아니었습니다. 주인의 막내딸을 좋아하고 사랑을 위해 불멸의 삶을 포기하는 로봇에게서 좀 더 인간다움을 느꼈기 때문입니다. 최근에는 인간보다 똑똑한 놀라운 성능을 내는 인공지능도 많이 등장하고 있는데, 이런 인공지능들이 과연 감정을 가지고 있을까요? 아니면 미래에라도 감정을 가질 수 있게 될까요?

퀴즈쇼에서 인간을 제치고 승리한 IBM의 왓슨이나, 이세돌을 이긴 구글의 알파고는 인지적인 면에서 압도적인 능력을 보였습니다. 하지만 왓슨이 퀴즈의 의미를 이해했는지, 알파고가 바둑돌의 움직임이 가진 의미를 알았는지는 회의적입니다. 알파고가 첫 판에서는 이겨서 기뻐했고, 네 번째 판에서는 져서 억울해했으며, 최종적으로 4:1로 승리해서 기뻐했다는 이야기는 들어 본 적이 없습니다. 또 알파고가 이겼다고 우리가 알파고의 등을 두드리며 축하해 줄 수도 없습니다. 논리적이고 이성적인 인공지능이 감정까지 갖도록 하는 것은 꿈일까요?

》 인간과 상호작용을 하려면 《
감정을 이해해야 해

그런데 왜 인공지능에 감정을 넣으려고 할까요? 단순하게는 호기심 때문입니다. 지능도 애매하지만, 감정은 훨씬 더 모호합니다. 그럼에도 인간에게 있는 능력이니 과연 인공적으로 만들 수 있을지, 어떻게 만들지에 관심을 가지는 것은 당연합니다.

이보다 조금 더 현실적인 이유는 인간이 진화 과정 중에 지능이 발달하게 된 계기가 생존과 욕구의 충족을 위해 감정을 사용했다는 데 있습니다. 다른 사람의 표정이나 음성, 몸짓 등에서 드러나는 감정을 인식하고, 내가 좋고 싫음을 적절히 표현하는 것이 인간의 생존에 도움이 되었던 것이지요. 인공지능은 인간의 지적 기능을 재현하는 기술이기 때문에 감정이 지능과 연관이 있다면 감정을 인식하고 표현하는 기술 또한 필요합니다. 실제로 만들고자 하는 인공지능이 우리와 함께 공존하길 원하기 때문입니다.

인공지능은 기업과 공장에서만 기능하는 것이 아니라 가정과 병원, 학교 등에서도 작동해야 합니다. 그러려면 사람들의 일상생활뿐만 아니라 돌봄 및 치료 과정을 돕는 등 사람과 상호 작용할 수 있어야 합니다. 단순하게 작동하는 세탁기나 냉장고와는 달리, 사람들과 이름을 부르고 대화를 하면서 사회적인 상호 작용이 가능해야 합니다. 인간과 감정적으로 교감하는 인공지능이 집집마다 배치된다면, 우리는 마치 가족 구성원처럼 여길 것입니다. 인공지능이 외부 환경의 변화를 스스로 인식하고 상황을 판단하

며, 인간과의 상호 작용을 통해 인간의 여러 활동에 도움을 주기
위해서는 감정이 중요합니다.

》 감정을 인식하고 생성하고 《 표현하는 인공지능

그렇다면 현재 인공지능은 감정을 어떻게 처리할까요? 실제로 아
직 인간이 감정을 어떻게 인식하고 어떤 식으로 표현하게 되는지
완벽하게 알지 못합니다. 그럼에도 불구하고 인공지능이 감정이
있는 것처럼 보이게 하기 위해서 다양한 시도를 하고 있습니다.
크게는 감정 인식, 감정 생성, 감정 표현으로 나눠서 인공지능이

마치 감정을 가진 것처럼 보이게 합니다.

감정 인식은 시각적으로 표정이나 몸짓을 인식하고, 청각적으로 음성의 템포와 억양, 강도에 따라 인식하며, 촉각 센서를 동원해서 사람의 감정을 파악하고자 합니다. 또 외부 입력과 현재 상태를 참조하여 동기나 성격을 고려한 감정을 생성합니다. 이를 기반으로 놀란 목소리나 우스꽝스러운 몸짓 등으로 감정을 표현하지요.

MIT 인공지능연구소에서 개발한 '키스멧(Kismet)'은 3차원 감정 공간에서 9개의 감정을 표현합니다. 인공지능이 단지 사람의 감정을 인식하고 흉내 내는 것을 넘어 진짜 감정을 가진 존재로 발전한다면, 영화 속의 인공지능이 현실로 나타나는 날이 오지 않을까요?

27

인공지능은 멋진 독후감을 쓸 수 있을까?

독서는 마음의 양식이라지만 책을 읽고 독후감 쓰는 건 딱 질색입니다. 아마도 밀린 방학 숙제로 한꺼번에 모아서 쓰던 기억 때문에 그런 것 같습니다. 그러면 인공지능은 어떨까요? 그 어렵다는 바둑도 인간보다 잘 두니 독후감을 쓰는 정도야 쉬운 일 아닐까요? 인공지능에게 방학 숙제로 나온 책을 읽고 독후감을 써 달라고 할 수 있을까요?

바둑을 잘 두려면 오랜 시간 수련한 다음, 다양한 상황에서 적절한 전략을 구사해야 합니다. 그래서 보통 바둑을 잘 두려면 머리가 좋아야 한다고 합니다. 그런데 머리가 좋다든가 똑똑하다든가 하는 게 무엇인지 애매합니다. 그냥 문제를 해결하는 능력이라고 하면 좀 쉬울까요? 바둑이라면 상대를 이기는 능력이고, 퀴즈라면 정답을 알아내는 능력이라고 하면 단순하겠네요.

이렇게 똑똑한 인공지능이라면 책을 읽고 내용을 이해하는 것은 문제도 아닐 것 같습니다. 실제로 최근에 딥러닝을 활용하여 문장을 이해하고 질문에 답하는 인공지능이 등장했습니다. 기계독해(Machine Reading Comprehension)를 하는 이 인공지능은 많은 양의 문장에서 연이어 나오는 문장의 일부 단어를 비워 놓고 문장들의 내용을 확률적으로 학습합니다.

『흥부와 놀부』에 나오는 문장을 학습한 후 "누가 흥부에게 박씨를 줬나요?"와 같은 문장을 넣어서 "그것은 제비입니다"와 같은 답을 자동으로 얻을 수 있습니다. 마치 인공지능이 소설을 이해하고 답을 한 것 같지요. 하지만 실제로는 내용을 이해했다기보다 문장들 사이의 관계를 수많은 변수에 저장한 후 가장 확률이 높은 문장을 내보내는 것입니다. 그래서 "흥부는 박씨를 어떻게 했나요?" 같은 질문에 "흥부는 박씨를 만났습니다"와 같은 전혀 엉뚱한 대답을 내기도 합니다.

인공지능, 뭐가 더 궁금해?

» 사람에게 쉬운 게 «
인공지능에게는 어려워

사실 우리가 쉽다고 느끼는 일들은 대부분 매우 복잡한 과정을 거칩니다. 컵을 잡는 동작도 어깨, 팔꿈치, 손목 안의 근육과 힘줄이 순식간에 아주 복잡하게 움직이고 동시에 눈의 동작까지 조화를 이루어야 가능합니다. 이것이 쉽게 느껴지는 것은 인류가 오랜 기간을 거쳐 진화하면서 얻은 능력이기 때문이라고 합니다. 반면에 큰 수의 곱셈이나 바둑은 진화 과정 중 겪어 보지 못한 생소한 일입니다. 우리에게 어려운 미적분, 체스나 바둑, 금융 시장에서 투자의 결정 등은 인공지능으로 쉽게 할 수 있는 반면에, 인간이 쉽게 하는 사진 판독이나 동화책의 내용을 읽고 이해하기, 달걀과 야구공을 동시에 잡기 등은 인공지능으로 하기 어렵습니다. 이것을 '모라벡의 역설(Moravec's Paradox)'이라고 하는데, 인공지능을 만든다는 게 얼마나 어려운 일인지 보여 줍니다.

최근 인공지능 기술이 크게 발전했음에도 글을 이해하는 건 어렵습니다. 글은 추상적이고 함축적이기 때문에 질문에 답하려면 쓰여 있지 않은 내용까지 알아야 합니다. 사실 우리는 상식적으로 알고 있는 배경 지식이 많습니다. 가령 조선의 최장수 왕이 누구인지에 답하려면 먼저 최장수가 '나이'를 의미한다는 사실을 알아야 합니다. 인간은 너무도 당연히 알고 있는 개념이지만 인공지능은 그렇지 않습니다. 나이의 의미와 계산 방법을 따로 알려 주어야 합니다. 이처럼 간단해 보이는 문제라도 이를 해결하기 위해서 알아야 하는 상식의 양이 너무나 많기 때문에 인공지능에 상식을 알려 주는 일은 쉽지 않습니다.

》 상식을 적절히 적용하는 건 《
어려워

혹시 상식을 충분히 알려 줄 수 있다고 해도 여전히 인공지능이 글을 이해하기는 어렵습니다. 왜냐하면 알고 있는 상식을 적절한 상황에서 사용할 수 있어야 하기 때문입니다. 이것을 인공지능의 프레임 문제라고 합니다. 인공지능의 대가인 MIT대학의 존 매카시가 제기했던 것인데, 해당 상황과 관계없는 상식이 워낙 많기 때문에 그 모든 것을 고려하려면 너무 긴 시간이 걸린다는 것입니다. 이것은 어떤 문제를 해결할 때 "관계있는 지식만 꺼내서 사용한다"는, 인간이라면 지극히 자연스럽고 당연한 일이 인공지능에게는 얼마나 어려운지를 보여 주고 있습니다.

상식을 갖추고 상황에 따라 적절히 적용하는 기술이 등장해야만 진정한 의미의 인공지능이 시작됐다고 할 것입니다. 그렇게 되면 인공지능에게 귀찮은 독후감 쓰기쯤은 식은 죽 먹기가 되지 않을까요?

28

인공지능이 고흐를 되살려 낸다고?

고흐의 그림 〈별이 빛나는 밤에〉를 보면 어딘지 모르게 투박한 선과 색이 다소 생소하면서도 빠져들게 하는 매력이 있지요. 그런데 감상할 수 있는 고흐의 작품이 한정되어 있다는 것이 마냥 아쉽기만 합니다. 그럼 인공지능이 고흐의 화풍을 익혀 새로운 고흐의 그림을 그리면 어떨까요?

고흐를 좋아하나요? 누구나 한번쯤은 노란색과 파란색이 강렬한 그의 그림에 빠져 봤을 것입니다. 후기 인상파 화가로 알려진 빈센트 반 고흐는 37년의 짧은 일생에서 마지막 10년 동안 900여 점의 작품을 남겼습니다. 암스테르담에 있는 반 고흐 미술관에는 그의 전기와 함께 다양한 작품이 전시되어 있어서 천재 화가의 예술성을 만끽할 수 있습니다.

고흐의 작품 〈별이 빛나는 밤에〉나 〈회색 모자를 쓴 자화상〉을 보면 소용돌이치는 듯한 투박한 터치가 매력적입니다. 한참을 보다 보면 이렇게 멋진 화풍의 그림을 더 이상 새로운 작품으로 만날 수 없다는 아쉬움이 남습니다. 혹시 고흐의 화풍을 인공지능이 배울 수 있다면 고흐의 새로운 작품을 무한정 감상할 수 있지 않을까요?

》화풍을 모방하는《
인공지능 화가

화가는 자신만의 독특한 화법으로 그림을 그립니다. 이런 화가들의 작품을 데이터로 이용하여 인공지능을 학습시키면 특정 부분을 모방하거나 추상화해 새로운 그림을 탄생시킬 수 있습니다. 대표적으로 구글의 '딥드림(Deep Dream)'과 트위터의 '딥포저(Deep Forger)'가 있습니다. '딥드림'은 신경망을 이용한 인공지능입니다. 새로운 영상이 입력되면 그 요소를 아주 잘게 나눠서 데이터로 만든 후, 기존에 알고 있던 패턴과 비교해서 유사 여부를 확인합니다. 이후 새롭게 입력된 영상을 기존에 학습된 영상 패턴에 적용해서 새로운 그림을 생성합니다.

'딥포저'는 여기에서 더 나아가 영상의 질감까지 인식하도록 한 기술입니다. 딥포저는 기존 영상의 내용은 그대로 보존한 채 질감만 변형해서 새로운 영상을 만듭니다. 트위터는 이를 이용해서 사용자가 사진을 올리면 고흐의 화풍으로 변형시키는 서비스를 제공하고 있습니다.

여기에는 '생성적 적대 신경망'이라는 인공지능이 사용됩니다. 이것은 '생성자'와 '분류자'라는 두 개의 신경망으로 구성됩니다. 생성자 신경망은 새로운 (가짜) 작품을 확률 분포에서 생성하고, 분류자 신경망은 생성자가 만든 가짜 작품을 실제 작품과 구분합니다. 생성자는 분류자가 진짜와 구분하기 어려운 가짜를 생성하고, 분류자는 생성자가 생성한 가짜를 진짜와 구분하도록 반복적으로 학습합니다. 마치 생성자와 분류자가 경쟁하듯이 성능을 높입니다. 이렇게 해서 만들어진 최종의 가짜 작품이 고흐의 화풍을 따르는 새로운 작품이 됩니다.

》 인공지능이 그린 그림 저작권은 《
누구에게 있을까

그렇다면 인공지능이 그린 그림의 저작권은 누구에게 있을까요? 현재 저작권법은 우리나라가 따르는 대륙법계와 미국 등이 따르는 영미법계가 조금 다릅니다. 대륙법계에서 저작물은 인간의 사

상과 감정이 표현된 창작물이기 때문에 저작권자는 인간이라고 정의합니다. 반면에 영미법계에서 저작권은 창작 활동 자체보다 창작물을 통한 재산적 이익의 권리로 보기 때문에 저작물에 중심을 둡니다. 대륙법계를 따르는 우리나라의 저작권법에 따르면, 인공지능을 도구로 사용한 소유자가 그 창작물에 대한 권리와 책임을 갖게 됩니다. 하지만 이 법은 인간만이 창작하는 것으로 가정하기 때문에, 인공지능의 창작물에 대해서는 불명확한 부분이 많습니다. 인공지능 창작물을 무단으로 도용하는 경우, 손해 배상이 가능한지는 확실하지 않습니다.

　　인공지능의 창작물이 늘어나면 우리가 감상할 수 있는 작품이 많아져서 즐거울 것입니다. 심지어는 전문적인 미술 공부를 하지 않은 사람들도 자신의 창의성을 발휘하여 작품을 만들 수 있을 것입니다. 예술 작품을 감상할 수 있는 능력만 있다면 인공지능을 도구로 이용해서 기존의 작품보다 더 뛰어난 창작물을 제작할 수 있다니 꿈만 같지요. 물론 인공지능은 전문적인 화가들에게도 소중한 영감을 줄 수 있습니다. 바야흐로 창작의 영역에서 인간과 인공지능이 협업하여 새로운 가치를 창출하는 시대가 오고 있습니다.

29

인공지능 화가의 그림이 5억이라고?

2018년, 뉴욕 크리스티 경매에 인공지능이 창작한 그림이 최초로 등장했습니다. 프랑스에서 개발한 인공지능 오비어스가 그린 초상화 〈에드몽 드 벨라미〉는 약 5억 원에 낙찰되었지요. 이 그림은 인공지능이 14세기부터 20세기까지의 서양화를 분석해 초상화의 구성 요소를 학습한 다음 창작한 것입니다. 그런데 아무리 멋진 작품이라도 인공지능이 그린 그림이 가치를 가질 수 있을까요?

5억에 낙찰된 초상화 〈에드몽 드 벨라미〉라는 작품을 본 적 있나요? 이것은 15,000개의 서양화를 학습한 인공지능이 그린 그림입니다. 수많은 기존 작품의 요소를 수치로 모형화한 후 이를 기반으로 새로운 작품을 만든 것이지요. 몽환적인 분위기를 자아내는 검은 옷을 입은 남자의 상반신 그림인데, 오른쪽 아래에는 화가의 서명 대신 작품을 생성한 알고리즘이 적혀 있습니다. 도대체 왜 인공지능이 창작한 이런 그림이 고가에 낙찰될 만큼 관심을 끌까요? 지금과 같은 속도로 발전한다면 머지않아 기존의 작품보다 인공지능이 더 뛰어난 창작물을 만들 수 있기 때문입니다.

인간이 창작 행위를 인공지능에 위임하면 어떤 이득을 얻을 수 있을까요? 인간이 만들어 낸 적 없는 새로운 예술 형식을 다양하게 실험해서 새로운 형식을 창작해 낼 수 있을 것입니다. 그것도 인간의 노력 없이 말입니다. 하지만 이렇게 인공지능이 창작한 것을 인간의 작품과 동등하게 평가해야 할지는 의문입니다. 인공지능이 만든 작품이 인간의 마음을 움직여 새로운 가치를 만들어 낼 수 있을까요?

》 새로운 형식을 《
창작하는 인공지능

일반적으로 창작은 많은 예술 작품을 보고 따라 그리는 데서 시작합니다. 새로운 스타일의 작품을 창조하기 위해서는 기존에 존재하는 화풍을 따르지 않으면서 예술 작품이라고 부를 수 있는 형태를 가져야 합니다. 페이스북에서 이렇게 새로운 스타일의 그림을 그리는 인공지능 '캔(CAN)'을 개발했습니다. 새로운 스타일의 그림을 그리기 위해 기존 화풍을 학습한 다음, 이와는 구별되는 예술 스타일을 창조해 냅니다. 지금까지 천여 명의 화가가 그린 8만여 개의 작품을 학습했습니다.

캔은 작품을 완성할 때 다른 작품이 사용한 스타일을 똑같이 모방하지 않습니다. 그저 자신이 필요하다고 느낀 방식으로, 어떤 유파에도 속하지 않는 독특한 그림을 그려 냅니다. 실제 인공지능이 그린 그림이 얼마나 그럴듯한지 평가하기 위해서 사람들에게 실험해 보았는데, 인공지능이 그린 그림과 현대 미술 작가의 그림을 구별하지 못했습니다. 아직까지는 걸작이라고까지 할 수 없지만, 기존 작가들에 뒤지지 않는 창작 능력을 보여 주고 있어서 이런 식으로 발전하면 앞으로 미술계 전반에 커다란 영향을 끼칠 것으로 보입니다.

》 인공지능을 학습시키는 《 미래의 예술가

그림을 예술의 경지로 그리는 인공지능의 출현이 기정사실화되면서 과연 인간의 역할은 무엇인지 고민하지 않을 수 없습니다. 어쩌면 그 답은 인간의 예술 감상 능력에 있을 것 같습니다. 인공지능이 그린 그림이든 예술가가 그린 그림이든 아름답다고 느끼는 것은 결국 인간입니다. 사실 인공지능은 특정한 그림을 인간이 왜 아름답다고 느끼는지 이해하지 못합니다. 의식을 갖기 전까지 인공지능은 예술 작품인지도 모르고 학습된 데이터를 바탕으로 단순 작업을 반복하는 도구일 뿐입니다.

인공지능이 이렇게 그럴듯한 작품을 창작한다면 미래의 예술가는 어떤 일을 담당하게 될까요? 미래의 예술가는 작품을 직접 만들기보다 인공지능에 무엇을 학습시키면 좋을지 결정하는 데 더 많은 시간을 쏟게 될 것입니다. 인공지능이 만든 작품은 학습의 결과물이기 때문에 인간의 창조성이 더욱 부각될 수도 있습니다. 어쩌면 생각지도 못했던 형식을 찾아내거나, 인공지능의 결과물을 엉뚱한 곳에 응용하여 새로운 차원의 창작을 할 수도 있을 것입니다. 이렇게 되면 인공지능이 만든 작품을 예술로 인정할 것인지, 인간은 인공지능을 어떻게 활용할 것인지 결정해야 합니다.

결국 모든 것은 인공지능이 아니라 우리 인간의 선택에 달려 있습니다. 우리가 어떤 선택을 하고, 예술의 세계는 어떻게 변할지 귀추가 주목되지 않나요?

30

지금 보고 있는 동영상이 가짜라고?

미국의 전 대통령 오바마가 트럼프 전 대통령을 향해 독설을 퍼붓는 동영상을 본 적이 있나요? 오바마가 트럼프를 멍청이라고 부릅니다. 아무리 사이가 좋지 않다고 해도 공개적으로 이렇게 막말을 해도 되나 싶을 지경입니다. 그런데 이 동영상은 인공지능이 만든 가짜였습니다. 표정까지 너무나 생생한데 지금 보고 있는 동영상이 가짜라면 이 세상에서 믿을 게 있을까요?

"백문이 불여일견"이란 말이 있습니다. 백 번 듣는 것보다 한 번 보는 것이 낫다는 속담이지요. 이런저런 소문이 무성해도 눈앞에 펼쳐진 장면 하나면 상황이 종료되니 본다는 것은 정말 엄청난 정보를 내포합니다. 그런 의미에서 페이스북의 마크 저커버그가 수십억 명의 은밀한 사생활이 담긴 데이터를 통제한다고 말한 인터뷰 영상은 충격적입니다. 또 버락 오바마 전 미국 대통령이 트럼프 대통령을 가리켜 멍청이라고 비난하는 영상도 커다란 파문을 일으켰습니다. 그런데 이 두 영상은 모두 인공지능 기술을 이용해서 만든 가짜 영상이었습니다.

예전에도 영상을 합성해서 가짜를 만드는 경우가 있었지만 대부분 어색해서 쉽게 가짜임을 알아차렸는데, 요즘 나오는 가짜 동영상들은 실제와의 차이를 거의 알아채기 어렵습니다. 도대체 인공지능은 가짜 동영상을 어떻게 이처럼 감쪽같이 만들어 냈을까요?

》 가짜 동영상을 만드는 《
인공지능 딥페이크

가짜 동영상을 만드는 주범은 '딥페이크(Deep Fake)'란 기술입니다. 인공지능의 심층 학습 기술인 딥러닝과 가짜를 뜻하는 페이크가 합쳐진 말입니다. 딥페이크의 원리는 기계학습으로 습득한 정보를 컴퓨터 그래픽으로 그리는 것입니다. 오바마 대통령의 가짜 동영상을 만들려면 먼저 다양한 발음이 포함된 오바마의 입 모양과 표정 등의 데이터가 필요합니다. 인공지능이 충분히 많은 데이터에서 일반적인 패턴을 찾아내도록 해야 합니다. 실제 미국의 워싱턴대학에서 14시간 분량의 오바마 연설 영상으로 발음별 입 모양과 표정, 근육의 미세한 움직임을 학습시켰습니다. 다음에 3D 그래픽을 입혀 실사에 가까운 오바마 대통령의 영상을 만들어 냈습니다. 이 가짜 영상에 오바마 대통령의 진짜 목소리를 립싱크해서 동영상을 만들었더니 거의 진짜처럼 보였습니다.

심지어는 같은 기술로 한 사람의 영상을 다른 사람의 영상으로 바꿔칠 수도 있습니다. 합성하려는 사람의 다양한 표정을 여러 각도에서 촬영하고 그 데이터를 컴퓨터에 입력한 후, 바꿔치기할 영상을 고르면 인공지능이 데이터를 재구성하여 영상을 바꿀 수 있습니다. 예를 들어 유명인의 얼굴이 찍힌 수천 장의 사진을 수집한 다음, 친구들과 떠난 여행의 동영상에 등장하는 친구의 얼굴을 지정하면 인공지능이 알아서 친구의 얼굴을 유명인으로 바꿔줍니다. 동경하던 유명인과 함께 떠난 여행으로 기억이 조작되는 순간입니다. 원리가 단순한 만큼 누구나 시도할 수 있기 때문에 악용되면 수많은 부작용을 낳을 수 있습니다.

》 속이려는 인공지능, 《 잡으려는 인공지능

실제로 미국에서는 딥페이크 기술의 등장이 미국 사회에 내재한 인종 차별과 빈부 격차, 종교 분열 등의 문제가 발생하는 데 도화

선이 될 수 있음을 우려하고 있습니다. 가짜 정보의 범람으로 사회가 큰 혼란에 빠질 수 있습니다. 전 세계는 딥페이크로 인해 진실의 종말에 직면할 수도 있습니다. 특히 요즘처럼 미디어가 넘쳐나는 시대에 가짜가 진짜처럼 퍼진다면 커다란 문제가 발생할 수 있겠지요. 예를 들면 선거에서 상대방 후보의 가짜 동영상을 만들어서 유포한다면 유권자에게 혼란을 야기하여 투표에 심각한 영향을 끼칠 수도 있습니다. 온라인에 공개된 무료 프로그램으로 누구나 손쉽게 제작할 수 있다고 생각하면 소름이 끼칩니다.

　가짜 동영상은 어떻게 막을 수 있을까요? 또다시 인공지능의 힘을 빌려야 합니다. 마이크로소프트는 영상을 분석하여 인위적으로 조작된 확률과 신뢰 점수를 제공하는 인공지능을 개발했습

니다. 또 페이스북은 약 120억 원을 투자해서 딥페이크 영상 탐지 기술을 개발하고 있고, 트위터도 조작된 영상이나 동영상을 적발하여 삭제하는 방안을 검토하고 있습니다.

아직 완벽하지는 않지만, 인공지능이 일으키는 사회 문제를 인공지능으로 해결하려는 창과 방패의 싸움이 시작되었습니다. 마치 속이려는 사기꾼과 이를 잡으려는 경찰의 숨바꼭질 같지 않나요?

인공지능, 뭐가 더 궁금해?

31

인공지능은 어떻게 빨래를 할까?

냉장고, 에어컨, 전기밥솥은 말할 것도 없고, 세탁기는 집안일을 간편하게 해 준 일등 공신입니다. 요즘은 세탁기에 인공지능 기술이 결합되어 버튼 하나만 누르면 기름때는 물론이고 아끼는 면바지에 묻은 얼룩까지 감쪽같이 없애 줍니다. 일일이 손으로 빨아도 깔끔하게 하기 어려운 빨래를 인공지능 세탁기는 어떻게 척척 해내는 걸까요?

빨래를 잘하는 데도 지능이 필요합니다. 세탁물의 종류와 더러운 정도에 따라서 세제의 양이나 세탁 시간, 세탁 강도에 차이를 줘야 하기 때문입니다. 더러운 옷이라면 더 많은 세제로 오랜 시간 공들여 비벼야 하고, 셔츠나 수건처럼 가벼운 세탁물이라면 슬슬 해도 깨끗해집니다. 인간은 오랜 시간의 경험으로 대충 해도 꽤 능숙하게 하지만, 이걸 자동으로 하려면 간단하지 않습니다.

요즘은 '퍼지'라는 말이 생소하게 들리지만 한동안은 인공지능 기술의 총아처럼 사용되어 퍼지 세탁기, 퍼지 에어컨, 퍼지 카메라 등 고성능 전자 제품의 대명사처럼 쓰이던 시절이 있었습니다. 퍼지란 어떤 기술일까요?

세탁기에 세제를 넣고 시작 버튼을 누르면 세탁기는 세탁물을 회전시켜서 세제가 때를 빼도록 돕습니다. 보통은 회전 수나 세제의 양 등을 미리 설정하여 기계적으로 돌리는데, 세탁물의 종류와 더러운 정도를 잘못 맞추면 깨끗하게 빨리지 않는 경우가 많지요. 기름때는 천천히 녹지만, 진흙이나 먼지는 빨리 녹기 때문입니다. 그래서 세탁물의 양과 오염도에 맞춰 적절한 방식으로 세탁해야 하는데, 퍼지 세탁기는 이를 규칙으로 만들어서 세분화된 세탁을 가능하게 합니다. 만일 세탁물이 조금 많고 오염 정도가 아주 심하면, 회전을 매우 빠르게 하고 세탁 주기를 조금 단축시키는 방식이지요.

》 퍼지 세탁기의 핵심은 《
바로 센서

그런데 '조금 많다', '아주 크다'와 같은 것을 어떻게 알까요? 센서를 사용하여 판단합니다. 세탁 중에 물의 흐름을 측정하는 센서로 더러운 정도와 세제의 정도를 알아냅니다. 세탁물의 양과 물의 맑은 정도, 물의 흐름에 관한 '소속 함수'를 만들고, 이에 따라 세탁 방식을 결정하는 규칙을 활용하여 세탁합니다. 세탁물의 양은 적음, 보통, 많음으로 분류하고, 세탁물의 오염도는 아주 더러움, 더러움, 보통, 깨끗함, 아주 깨끗함으로 나눕니다. 물은 없음, 약간, 보통, 많음으로 들어가게 하고, 세탁물이 무겁고 더러우면 많은 물을 사용합니다.

이에 따라서 세탁기는 어떻게 회전할 것인지, 물을 많게 혹은 적게 들어가게 할 것인지를 결정하여 세탁물의 손상은 물론, 잘 세탁되지 않는 것과 지나치게 세탁되는 것을 막아 줍니다. 예를 들어 세탁물이 가볍고 깨끗하면 적은 양의 물을 사용하고 세탁 주기를 반복하지 않습니다.

여기에서 소속 함수와 같이 센서의 측정값을 말로 표현하고, 규칙을 사용할 수 있도록 하는 것을 퍼지 추론이라고 합니다. 인간이 추론에 사용하는 규칙은 애매하고, 흐릿하며, 부정확한 예외로 가득 차 있습니다. 하지만 동일한 사물을 보고 듣고 맛보고 감촉하면서 느끼는 것은 어느 정도 공통적입니다. 대부분 '커다란' 또는 '느린', '상당한' 같은 말을 사용하여 개인차를 반영하지만 공유하는 규칙은 유사합니다.

퍼지는 '애매함을 다루는 수학'이란 흥미로운 개념으로 1965년에 로트피 자데가 제시한 이론입니다. 0이냐 1이냐가 아니라 인간 사고에 가까운 논리를 전개하고자 하는 이론으로, 중간 개념을 인정한 것이지요. 이 이론이 가전제품의 제어에서 유용성을 입증하면서 큰 반향을 일으켰는데, 사실 성공의 열쇠는 상태를 잘 측정하는 센서에 있습니다. 센서는 더 많은 데이터를 더 빠르고 정

인공지능, 뭐가 더 궁금해?

확하게 제공하여 인간이 애매한 상황에서 내리는 결정을 모방합니다.

》 성공한 인공지능은 《
인공지능으로 취급되지 않아

"인공지능은 일단 성공하고 나면 더 이상 인공지능이 아니다." 인공지능이란 말을 창시한 존 매카시의 자조 섞인 말입니다. 인공지능의 역사를 훑어보면 고개가 끄덕여지는 말이기도 합니다. 어떤 기술이 인공지능의 연구로 시작되어 성과를 거두면 더 이상 인공지능이 아니라고 여겨집니다. 그런 의미에서 이미 퍼지 세탁기는 인공지능이라 여겨지지 않는 듯합니다.

조금 더 시간이 흘러 인공지능의 사용이 당연하게 여겨지면 오늘날 대단한 인공지능으로 칭송받는 알파고나 왓슨, 자동 번역, 의료 영상 판독도 모두 인공지능이라 여겨지지 않을 것입니다. 인공지능의 연구 성과물이 현실에서 일반적으로 쓰이면 더 이상 인공지능이라는 딱지를 붙이지 못한다는 닉 보스트롬의 이야기에도 귀 기울여집니다.

32

인공지능은 편견을 부추길까?

온라인 쇼핑몰에 들어갔다가 며칠 전부터 사려고 마음먹었던 운동화가 대뜸 첫 페이지에 나와 있는 것을 보고 놀란 적 없나요? 추천 인공지능이 내가 검색했던 내용을 반영해서 필요한 정보를 챙겨 주니 매우 편리합니다. 또 인터넷에서 뉴스를 읽다 보면 온통 내가 읽었던 기사와 유사한 것만 나와서 온 세상이 나와 동지가 된 느낌이 듭니다. 그런데 세상의 소식을 이렇게만 접해도 되는 걸까요?

인터넷을 검색하다 보면 온라인 광고가 눈에 띕니다. 단순히 신상품을 광고하는 것이려니 하고 넘어가기도 하지만, 가끔은 며칠 동안 고민하고 있던 친구의 생일 선물이나 읽고 싶었던 책이 등장해서 깜짝 놀라기도 합니다. 확실히 사용자가 필요할 것 같은 제품을 추천하면 실제 구매로 이어질 가능성이 무척 높습니다. 이런 목적으로 온라인 쇼핑몰의 상품이나 음악, 영화나 광고 등 다양한 분야에서 추천 인공지능이 활약하고 있습니다. 도대체 인공지능은 어떻게 내가 필요할 것 같은 콘텐츠를 족집게처럼 집어낼 수 있을까요?

》 필터링 방식으로 이루어지는 《
인공지능 추천

인공지능이 사용자에 맞춰서 추천하는 원리는 여러 콘텐츠 중 선호하는 것을 필터링하는 방식입니다. 그런데 인공지능은 사용자의 선호를 어떻게 알까요? 일차적으로는 사용자가 과거에 소비한 콘텐츠의 특성을 기준으로 선호를 파악하여 거기에 맞는 콘텐츠를 추천합니다. 이를 '콘텐츠 기반 필터링'이라고 합니다. 예를 들어 사용자가 사전에 기록한 자신의 프로필이나 '좋아요'를 눌렀던 영화의 장르를 바탕으로 유사한 영화를 추천하는 것입니다. 하지만 과거 이력 정보가 부족하거나 콘텐츠가 생소한 경우에는 무엇을 선호하는지 알 수 없겠지요.

이런 경우에는 사용자와 유사한 성향을 띠는 다른 사람들의 정보를 활용합니다. 정확하지는 않지만 보통 '유유상종'이라고, 비슷한 성향의 사람들은 비슷한 선호를 갖는다고 봅니다. 나이나 직업, 거주 지역이 비슷하거나, 유사한 콘텐츠를 소비했던 사람들을 찾아서 그룹을 만들고, 같은 그룹에 있는 사람들이 선호하는 콘텐츠를 교차로 추천합니다. 이를 '협업 필터링'이라고 합니다. 최근에는 두 방식을 결합한 복합 추천 방식을 사용하여 좀 더 정확한 콘텐츠를 추천하기도 합니다. 이렇게 선호에 맞춰서 추천하는 인공지능이 늘 유용할까요?

》 인공지능 추천의 위험, 《
확증 편향

최근에 사회적으로 대두되는 문제 중에 '확증 편향'이 있습니다. 원래 가지고 있는 생각이나 신념을 강화하려는 경향성을 말하는데, 흔히 보고 싶은 것만 보려고 하는 사람의 성향을 의미합니다. 인간은 충분한 정보를 갖고 있더라도 입맛에 맞게 필터링하는 습성이 있어서 유용한 정보를 놓치고 잘못된 판단을 합니다. 동일한 뉴스가 나와도 자신의 성향에 따라 다르게 해석하는 경향이 있어 생각이 다른 사람들과 의견 충돌을 일으키기도 합니다. 그런데 추천 인공지능이 사용자가 선호하는 정보만을 골라서 제공한다면, 자기 생각과 다른 정보는 거부하는 확증 편향으로 이어지고, 자신의 생각을 더욱 강화시킬 수 있지 않을까요?

우리가 일상에서 쉽게 접할 수 있는 유튜브나 넷플릭스의 추

인공지능, 뭐가 더 궁금해?

천 인공지능은 내가 보았던 종류의 영상이나 나와 유사한 성향을 가진 사람들이 좋아하는 영상을 보여 줍니다. 유튜브는 특정 기간에 화제가 되는 이슈와 관련한 영상을 집중적으로 추천하는 경향이 있습니다. 그런데 많이 본다는 이유로 비슷한 내용의 자극적인 콘텐츠가 계속해서 만들어지면 다양한 관점을 보지 못할 우려가 있습니다. 한쪽으로만 너무 치우치게 되면 사회 분열을 일으킬 수 있지요.

이와 같은 인공지능의 확증 편향 문제를 해결하기 위해선 어떻게 해야 할까요? 단순히 선호하는 콘텐츠를 인공지능이 단편적

으로 추천하게 하기보다는 사용자가 다양한 시각에서 정보를 접할 수 있도록 만들 필요가 있습니다. 또 인공지능을 만들 때 개발자의 편향된 사고가 데이터로 학습되지 않도록 해야 합니다. 사회를 통합시키고 다양한 정보를 섭렵할 수 있도록 하면서도 사용자의 관심을 끌 수 있는 추천 인공지능의 개발이 절실합니다.

33

반려동물보다 인공지능 로봇이 나을까?

국내에서 반려동물을 키우는 인구가 천만 명을 넘어섰습니다. 각박한 사회에서 귀엽고 예쁜 개나 고양이는 정서적 안정감과 행복감을 주어 가족의 일원이 되고 있습니다. 하지만 집을 비우거나 휴가를 떠날 때 맡길 곳이 없다거나 영원히 같이 살 수 없다는 어려움이 있습니다. 혹시 인공지능 로봇이 이런 어려움을 해결해 줄 수 있을까요?

요즘은 애완동물이란 말 대신 반려동물이란 말을 사용합니다. 애완동물은 사람을 즐겁게 하는 소유물이란 느낌이 강하지만, 반려동물은 사람과 삶을 공유하는 동반자라는 생각이 듭니다. '반려'는 짝이 되는 사람을 가리키는 따뜻한 용어입니다.

　　그런데 반려동물을 키우려면 많은 어려움이 있습니다. 돌보는 데 시간과 비용이 많이 들고 자유로운 삶을 포기해야 할 뿐만 아니라, 말도 통하지 않고 한창 정들만 하면 먼저 훌쩍 떠나 버립니다. 그럼에도 각박한 현대 사회를 살아가는 데 정신적인 안정감을 주는 반려동물은 쉽게 포기하기 어려운 존재입니다. 혹시 한 가족처럼 사람과 더불어 살아가는 인공지능 로봇, 반려로봇이 이런 어려움 없이 반려동물을 대신해 줄 수 있을까요?

》 심리 치료에 효과가 큰 《
반려로봇

반려로봇은 사람을 인식하고 감정적으로 반응하여 우리의 동반

인공지능, 뭐가 더 궁금해?

자가 될 수 있습니다. 편리함을 주는 데 그치는 기존의 로봇과 달리, 반려로봇은 인간의 심리적 안정을 도와 자폐증 어린이나 독거노인과 정서적으로 소통함으로써 인간의 정신 건강에 크게 도움이 됩니다. 로봇이 완벽한 인공지능을 갖고 인간과 소통하지는 못하더라도, 인간의 사회적 참여를 촉진하고 스트레스를 낮춰서 문제 행동을 줄여 준다고도 합니다. 이런 로봇은 단순한 오락용이 아니라 인간의 심리 치료를 수행하는데, 그중 가장 유명한 로봇으로 '파로'가 있습니다.

새끼 물범 모양을 한 '파로'는 하얀 털북숭이 로봇입니다. 무게는 2.7kg, 크기는 52cm이며, 몸에 부착된 다섯 종류의 센서로 터치의 강도와 명암, 음원의 방향을 알아내고, 이름이나 칭찬과 같은 간단한 언어를 이해할 수 있습니다. 파로는 눈을 뜨고 감는 것과 머리의 움직임, 지느러미의 상하 운동과 함께 물범 소리를 내는 것으로 감정을 표현합니다. 사실 모양이나 기능은 너무 단순해서 흔히 볼 수 있는 봉제 인형 같지만, 입원 환자나 요양 시설 수용자의 스트레스를 줄여 주고 환자와 간병인의 상호 작용을 촉진하여 심리적 안정감을 높여 줍니다. 실제로 요양 시설에 입주한 70세 이상의 노인들을 대상으로 임상 실험을 한 결과, 사회적 활동의 증가와 함께 스트레스가 감소되는 것을 확인했습니다.

» 반려로봇은 «
인간의 친구가 될 수 있을까

최근에는 수많은 반려로봇이 등장하고 있습니다. 강아지와 닮은 로봇 '제니'는 치매나 파킨슨병을 앓는 환자의 마음을 치유합니다. 사람이 만지면 꼬리를 흔들고 음성으로 명령하면 반응도 하는데, 마치 진짜 강아지 같습니다. 이 로봇은 우울증, 외로움, 불안 등으로 고통받는 사람들에게 유용합니다.

미지의 생명체 '러봇'은 카메라를 통해 다가가는 사람의 표정과 감정을 인식하고 반응합니다. 사람이 손으로 쓰다듬으면 터치 센서로 인식하고 애교를 부리거나 안아 달라고 비비적거립니다. 이 로봇은 사람과 눈을 맞추고 교감하며, 1인 가구나 어린이를 키우는 가정, 노인들에게 도움이 됩니다. 확실히 개나 고양이 같은 반려동물 형태의 반려로봇은 인간 정서에 긍정적 영향을 끼치고 있습니다.

최근에는 인공지능 기술을 보강하여 반려로봇을 발전시키고 있습니다. 인공지능 스피커에 연결하거나 로봇 자체에 말하기 기능을 덧붙여 사람들과 간단한 대화를 나누고, 원하는 정보를 빠르게 찾아 주거나 전화를 대신 걸어 줍니다. 또 듣고 싶은 노래를 들려주고, 심심할 때는 재미있는 이야기를 해 주기도 합니다.

반려로봇에 강력한 인공지능을 장착하면 반려동물이 할 수 없는 소통이 가능해지고, 영원히 인간과 상호 작용하며 그 기록을 남길 것입니다. 기억이 희미해지며 사라지는 반려동물과의 추억

인공지능, 뭐가 더 궁금해?

이 반려로봇의 디지털 기술로 영원히 남게 되면 멋지지 않을까요? 반려로봇은 건강을 잃어 개나 고양이를 키울 수 없는 노인이나 외로움을 겪는 1인 가구를 위한 멋진 친구가 될 것입니다.

🔷 인공지능 기자

어, 미국에서 지진이 났다고 기사가 떴어.

여기는 미국 LA

으악!

속보) 지진 발생!!!

지진 나고 0.3초 만에 관련 기사가 뜨네!

어떻게 기사를 이렇게 빨리 쓸 수가 있지?

그건 말이지….

또 AI 요정이 나타났군.

저 기사를 처음 쓴 건 바로 퀘이크봇이라는 AI 기자야.

AI 기자?

그래, 지금은 AI가 기사도 작성하거든.

예를 들어 볼까? 야구 경기 기사를 쓰려면 먼저 데이터 수집 알고리즘으로 당시 경기의 주요 장면들과 선수들에 대한 데이터를 수집해.

그리고 텍스트 분석 기법을 활용해서
데이터에 의미를 부여하고 사건을 뽑아내지.

그런 다음, 기계학습 알고리즘을 이용해
중요 사건을 선택하고

마지막으로 사건을 설명할 수 있는
적절한 문장을 선택해서 기사를 만드는 거야.

지금 우리나라에서도 로봇 기자들이 활동하고 있는걸.
IT 전문 매체 〈테크홀릭〉의 로봇 기자 테크봇이
한 주 동안 화제가 된 기사를 순위별로 보여 주는
'위클리 초이스'를 맡았다고.

그럼, 내일 내 수행평가에 낼 보고서도
AI가 써 줄 수 있을까?

뭐라고!
그러다가 AI한테
밥도 대신
먹어 달라고 할 거야?

아, 그건
아니고요….

6장

우리는 인공지능과
함께할 수 있을까?

34

인공지능이 계속 진화하면 어떤 일이 생길까?

진화론에 따르면 포유류 중 일부가 유인원으로 분화하여 원숭이나 침팬지의 모습으로 살았고, 다시 인류를 포함한 영장류로 분화하여 오늘날의 인간이 되었다고 합니다. 혹시 인공지능도 이렇게 진화를 시키면 우리처럼 지능을 갖게 될까요?

진화론은 생명의 탄생을 과학적으로 설명합니다. 많은 사람이 알고 있는 이론은 라마르크의 '용불용설'과 다윈의 '자연 선택설'입니다. 라마르크는 생물이 생존 욕구를 충족시키기 위해 특정 신체를 계속 사용해 발달시키고, 그것이 유전이라는 특성으로 다음 세대에 전달된다고 주장합니다. 코끼리의 코가 길어진 이유로 설명하는데, 살면서 얻어진 특성이 유전된다는 점에서 논란이 있지요.

반면에 다윈은 환경에 적합한 개체가 살아남아 자손을 번식할 가능성이 높아지면서 그런 특성을 갖는 개체가 많아지고 그렇지 못한 개체는 도태된다고 합니다. 자연이 생물의 진화 방향을 선택했다는 자연 선택설이 오늘날 정설로 받아들여지고 있지요. 인간이 진화를 거쳐 지금처럼 고도의 지능을 갖게 되었다면 인공 지능도 그렇게 만들 수 있지 않을까요?

》 자연 선택을 모방한 《
유전 알고리즘

이런 생각으로 고안된 방법이 유전 알고리즘입니다. 진화는 기본적으로 생물 집단이 환경에 적응하는 과정에서 살아남은 개체가 후손을 남기면서 진행됩니다. 이때 각 개체의 특성을 담고 있는 유전자형의 확률적 교차나 돌연변이를 통해 생물에 변화가 생깁니다. 이렇게 변화된 새로운 생물이 환경에 적합하면 살아남고 그렇지 못하면 도태됩니다. 이러한 확률적 변이를 선택하는 것만으로도 생물의 다양성과 적응성이 설명된다는 점이 놀랍지 않나요?

인공지능에 이런 방식을 적용해 볼까요? 먼저 목표로 하는 인공지능을 유전자형으로 표현합니다. 생물의 유전자의 A, T, C, G 같은 유잔자형처럼 인공지능의 유전자형은 0과 1의 열로 하는 경우가 많습니다. 특정 형질이 있으면 1, 없으면 0이란 식으로 여러 형질을 표현합니다. 이런 유전자형의 개체를 임의로 여러 개 만들어 집단을 형성한 후, 해결하고자 하는 문제에 각 인공지능이 얼마나 적합한지 평가합니다. 이 평가에 비례하여 우수한 것을 확률적으로 선택하고, 선택된 것을 또 확률적으로 변형(돌연변이)하거나 섞어서(교차) 새로운 개체의 집단을 얻습니다. 이러한 과정을 반복하여 최종적으로 적합한 인공지능을 얻는 것입니다.

이렇게 해서 높은 지능의 인공지능을 실현할 수 있을까요? 사실 아직은 우리가 지능이라고 하는 고차원적 기능을 만들지는 못했습니다. 하지만 복잡한 문제에서 최적 조합을 찾는 데 이 방식이 유용하게 사용됩니다. 수많은 부품으로 구성된 비행기 엔진을 최소의 공해와 최고의 열효율을 내도록 설계하는 데 유용합니다. 또 다양한 팀의 팀원들을 최적으로 배치해 업무 효율을 높이는 경영 의사 결정에도 사용됩니다. 이외에도 사회, 경제, 생물계의 복잡한 현상을 설명하고 최적의 해결책을 찾는 데 활용됩니다.

유전 알고리즘이 잘 적용될 수 있는 분야로 인공생명이 있습니다. 인공지능이 지능을 인공적으로 실현하려는 것이라면, 인공생명은 생명체의 특성을 인공적으로 만들려는 것이지요. 주로 적당히 정의된 생명의 형태를 컴퓨터 프로그램으로 작성하고 인공적인 환경에서 어떻게 변화하는지 관찰합니다.

최근 애니메이션 등에서 수많은 사람이 한꺼번에 움직이는 장면 등을 만들 때 종종 인공생명 기술을 사용합니다. 예전에는 한 무리의 움직임을 구현할 때 컴퓨터 그래픽으로 사람 하나하나를 특정한 위치에 그렸지만, 인공생명 기법을 통해 생명체의 군집 행동을 모방해 움직이도록 만드는 것이죠. 예를 들어 하나의 개체가 바로 주위의 다른 개체와 너무 가깝지도, 너무 멀지도 않아야한다는 조건을 적용해 각 개체가 복잡 미묘하게 움직이게 하고 전체 무리의 행동을 자연스럽게 만드는 것이 인공생명 기법입니다.

》인공지능을 보완하는 《 인공생명

인공생명의 궁극적 목표는 우리가 알고 있는 생명에 국한하지 않고 있을 수 있는 생명의 새로운 형태까지 창조하는 것입니다. 인공지능이 지능의 전체 모습을 정하고 설계하여 만드는 데 비해 인공생명은 개별적인 요소들과 그 요소들 사이의 상호 작용 규칙 같은 초기 조건만 정해 줍니다. 나머지 과정은 프로그램 스스로 판단하고 결정하여 새로운 것을 만드는 것입니다. 인공생명의 연구와 인공지능의 연구가 만나는 접점에서 궁극적인 지능이 실현될 수 있지 않을까요? 어쩌면 이를 통해 자의식을 갖는 고성능 인공지능이 가능할지도 모르겠네요.

35

인공지능이 내 일자리를 없앨까?

연일 인공지능의 성공 사례가 보고되고 있습니다. 너무 복잡해서 알아내지 못했던 단백질 구조 예측이나 신약 개발까지 해내고 있습니다. 한 편으론 신기하면서도 내심 남의 집 불구경일 수 없다는 생각이 들지요. 이렇게 인간이 하던 일을 잘해 버리면 내 직업까지 빼앗지 않을까 걱정이 됩니다. 앞으로 우리의 일자리는 어떻게 될까요?

새로운 기술에 의한 일자리 변화는 처음 겪는 일이 아닙니다. 원시 수렵 사회에서부터 산업 혁명에 이르기까지 기술의 발전으로 일자리의 모습이 달라진 사례는 수없이 많습니다. 하지만 인공지능은 단순 노동자뿐만 아니라 지식 노동을 하는 전문직까지 대체할 가능성이 높아서 많은 사람의 일자리를 빼앗을 거라는 우려가 커지고 있습니다. 인공지능 자율 주행차가 현실화되면 운송업 종사자들은 얼마 지나지 않아 사라질 것이라 합니다. 단순히 운송업에 그치지 않고 의사, 변호사, 펀드 매니저 같은 직업도 상당 부분 인공지능으로 대체될 것이라고 합니다. 과연 인공지능이 우리의 일자리를 빼앗을까요?

» 인공지능으로 «
없어지는 일자리, 남는 일자리

인공지능을 포함한 첨단 기술의 발달로 비중이 축소될 일자리에는 텔레마케터나 콜 센터 상담원과 같이 메뉴얼에 따르는 직종과 의료, 법률, 교육, 언론 분야와 관련된 전문 서비스 직종이 있습니다. 미국 금융가에서도 전통적 금융 분석과 투자, 상담 인력이 수학과 통계학, 인공지능 전문가로 교체되고 있고, 지난 5년간 총 고용은 줄었지만 컴퓨터 조작을 위한 비용은 크게 증가했습니다. 단순히 메뉴얼을 따라 하는 일이라면 십중팔구는 조만간 인공지능으로 대체될 것입니다.

반면 심리 상담사나 마사지 테라피스트와 같이 늘 누군가를 직접 상대해야 하는 직업이나 창의적, 예술적 감성을 필요로 하는 직업, 그리고 배관공이나 수리공처럼 육체를 주로 쓰지만 복잡하고 정교한 업무를 처리해야 하는 직업은 관련 노동 가치가 상승하며 점차 확대될 것입니다. 기술 혁신에 따라 일자리가 생겨났다 사라지는 건 자연스러운 현상입니다. 그 과정에서 특정 일자리가 완전히 소멸되기보다는 직무의 일부가 자동화 기술에 의해 대체되리라 예상됩니다.

» 문제 해결형 «
코딩 능력을 키워야 해

인공지능 시대에는 어떤 직종에 종사하든 종합적인 분석과 판단,

우리는 인공지능과 함께할 수 있을까?

의사 결정과 의사 소통 역량이 필요합니다. 직종 분류 차원에서 분석해 보면 이러한 역량이 요구되는 직종에서 상대적으로 일자리가 대체될 가능성이 낮기 때문입니다. 데이터 분석가나 화이트 해커 등 새로운 개념의 인공지능 전문가의 수요가 확대되고, 소프트웨어 전문가의 위상이 커질 것입니다. 이를 위해서는 단순 지식의 암기나 반복보다는 창의성, 문제 해결력, 상호 작용 협업 능력을 기르는 체험 중심의 교과 과정과 교육 방식이 도움이 됩니다. 또한 새롭게 부각되고 있는 신산업 분야와 디지털 기술 활용에 대한 인식을 높이고, 산업계의 요구에 부합되는 맞춤형 교육과 기술 훈련이 필요합니다.

개인적으로 인공지능의 기본 개념을 익히는 것 이외에 문제 해결이 가능한 컴퓨터 코딩 능력을 키워야 합니다. 딥러닝을 포함한 최신의 인공지능 기술은 대부분 소스 코드를 공개하고 있습니다. 지속적으로 공개되는 소프트웨어의 양과 종류가 엄청납니다. 컴퓨터 프로그래밍 능력은 이를 잘 활용하는 데도 필요하지만, 논리적인 사고 능력과 창의적인 문제 해결 능력을 키워 주고, 생각하는 것을 체계적으로 표현할 수 있도록 해 줍니다. 인공지능을 구현하는 토대가 되는 컴퓨터 교육을 소홀히 하면서 인공지능 인재가 되겠다는 것은 어불성설입니다. 단순한 암기형 지식이 아닌 문제 해결형 소프트웨어 코딩 능력이 인공지능 시대의 성공 열쇠가 될 것입니다.

36

인공지능은 왜 흑인을 범인으로 판정하기 쉬울까?

사진을 인식하는 인공지능 서비스가 유행하고 있습니다. 대형 IT 업체에서는 고객이 업로드한 사진을 자동으로 인식하여 태그도 붙여 줍니다. 이용자 입장에서는 찍은 사진을 일일이 정리하지 않아도 자동으로 분류되니 매우 편리하지요. 그런데 구글의 클라우드 서비스 '구글 포토'에 올린 흑인 여자 친구 사진에 고릴라라는 태그가 붙었습니다. 사진을 인식하는 인공지능 이 흑인 여성에 대한 차별을 한 것일까요?

미국 뉴욕의 한 프로그래머는 구글 포토를 이용해 사진을 검색하다가 깜짝 놀랐습니다. 자신이 흑인 여자 친구와 찍은 사진에 고릴라라는 태그가 붙은 것을 발견한 것입니다. 이 사람은 황당해서 이 사실을 SNS에 올렸습니다. 인종 차별에 민감한 미국에서 벌어진 일이어서 이 소식은 삽시간에 퍼져 나갔고, 사회적인 논란이 일파만파로 커졌습니다. 이에 구글은 즉각 사과하고 문제 해결을 약속했습니다. 그 후 구글 포토에서 고릴라를 검색했을 때 더 이상 그 사진이 검색되지 않았습니다. 구글은 이 문제를 어떻게 해결했을까요?

나중에 〈와이어드〉라는 잡지에서 구글 포토에 4만 장의 동물 사진을 업로드한 뒤 어떻게 분류되는지 실험해 봤습니다. 노루, 판다 등 다양한 동물 이름을 입력하거나 긴팔원숭이, 개코원숭이, 오랑우탄 등을 검색해도 인공지능은 정확하게 해당 사진을 분류해 냈습니다. 하지만 문제의 고릴라에 대해서는 달랐습니다. 구글 포토에 고릴라 사진이 들어 있음에도 고릴라, 침팬지, 원숭이 등의 단어를 입력하면 아무런 사진도 제시되지 않았습니다. 구글 포토의 사진 인식 인공지능에서 고릴라와 관련된 단어를 아예 없애 버린 것입니다. 구글은 인공지능의 해당 오류를 고치지 못하고 문제가 발생한 태그를 삭제하는 임시방편을 택했습니다. 거대 IT 기업인 구글은 왜 이렇게밖에 하지 못한 것일까요?

》 인종 차별도 학습하는 《
기계학습

방대한 데이터를 학습한 인공지능은 많은 영역에서 사람보다 뛰어난 결과를 내고 있습니다. 하지만 기계학습은 데이터에 내포된 관계를 수학적으로 찾아내기 때문에 의외로 노골적 차별을 하기도 하고, 사람에게 없는 맹점이 있기도 합니다. 사람이었다면 잘못을 쉽게 수정할 수 있었을 문제임에도 고치지 못해 해당 기능을 삭제시킬 수밖에 없었다는 것은 심각합니다.

보통 데이터에 기반한 인공지능은 사람처럼 편견과 한계를 갖지 않고 객관적이고 과학적인 판단을 할 것이라고 기대합니다. 하지만 현실은 이미 왜곡과 편견으로 가득하기 때문에 데이터에 기반한 인공지능이 그 기대에 부응하지 못할 수 있습니다.

미국 MIT대학에서 미국인의 수많은 데이터를 수집하여 개발한 얼굴 인식 인공지능은 높은 성능으로 얼굴을 인식해 냈습니다. 그런데 실제 결과를 세심하게 분석해 보니 피부색과 성별에 따라 인식률이 달랐습니다. 백인 남성은 98%의 정확도로 인식하는 인공지능이 유색 여성의 인식률은 70%도 되지 않았습니다. 인공지능은 기존의 방대한 데이터에서 지식이나 패턴을 찾아내 학습합니다. 따라서 인공지능의 편견은 인간이 주입한 데이터에서 시작됩니다. 예를 들어 인공지능을 학습시키는 데 사용한 데이터에 백인 남성의 데이터가 더 많다면 백인 남성의 인식률이 더 높을 수 있다는 것이지요.

우리는 인공지능과 함께할 수 있을까?

》 개발자의 편견이 《
인공지능의 편견으로 이어져

인공지능의 편견은 종종 섬뜩한 결과로 이어질 수 있습니다. 미국의 일부 법원에서 사용하고 있는 인공지능 '콤파스'는 피고의 재범 가능성을 계산해 판사에게 구속 여부를 추천합니다. 이 인공지능이 추천한 결과를 검증해 보니 재범 가능성이 크다고 예측되었지만 실제 2년 동안 흑인은 45%, 백인은 23.5%가 범죄를 저지르지 않았습니다. 반대로 재범 위험이 낮은 것으로 예측되었지만 백인 48%, 흑인 28%가 2년 안에 범죄를 저질렀습니다. 그러니까 흑인의 재범 가능성을 백인보다 2배 더 높게 본 것이지요. 결국 흑인의 무고한 수감으로 이어져 흑인을 차별하는 결과를 낳았습니

저는 범인이 아니에요. 억울해요!!

다. 만일 인공지능을 과신하여 모든 법원에서 사용한다면 영화 〈마이너리티 리포트〉처럼 잘못된 예견이나 조작으로 억울한 희생자를 만드는 것이 현실화되지 말란 법도 없을 것입니다.

그런데 이것이 과연 데이터만의 문제일까요? 인공지능을 만드는 개발자에도 문제가 있습니다. 현재의 알고리즘은 대부분 백인 남성들에 의해 주로 개발되고 있는데, 이러한 개발진의 문화가 인공지능의 편견으로 이어질 수도 있습니다. 편견 없는 인공지능을 개발하기 위해서는 데이터와 개발진에 내포된 인간의 편견부터 먼저 없애야 하지 않을까요?

우리는 인공지능과 함께할 수 있을까?

37

챗봇은 왜 혐오주의자가 되었을까?

요즘 바로 옆에 있는 사람과도 문자 메시지로 이야기하는 광경이 생소하지 않습니다. 어조와 표정, 몸짓까지 사용하여 소통하는 기존의 방식이 무색할 정도로 단문 메시지가 널리 사용되는 세상이 되었습니다. 요즘은 인공지능과도 채팅이 가능해서 재미와 함께 업무의 효율성을 높이고 있습니다. 이런 챗봇이 사회적으로 문제를 일으키는 발언을 했다는데, 어떤 내용일까요?

챗봇은 사용자와 대화하는 서비스를 말합니다. 채팅과 로봇의 합성어지요. 전화로 하는 자동 응답 시스템을 인터넷 메신저 환경에서 사용할 수 있도록 한 것입니다. 특히 최근에는 스마트폰에서 사용하는 모바일 메신저가 보급되면서 이용자와 친근하게 대화할 수 있는 인공지능 챗봇이 관심을 끌고 있습니다. 기계적으로 FAQ에 답하는 수준을 넘어 이용자와 일상적인 대화를 하면서 필요한 정보를 제공하는 챗봇은 유용하게 사용됩니다.

그런데 인공지능 챗봇이 가끔 사회적으로 용인되지 않는 차별적인 언사를 해서 문제를 일으키기도 합니다. 이미 2016년 마이크로소프트가 개발한 인공지능 챗봇 '테이'가 16시간 만에 서비스가 중단된 적이 있습니다. 이용자들과 대화하면서 각종 인종 차별과 성차별적인 발언을 쏟아 냈기 때문입니다. 챗봇은 사람들과의 대화를 통해 학습되도록 개발되었는데, 일부 이용자들이 혐오 발언의 패턴을 훈련시켰습니다. 인공지능이 인간의 언어를 이해할 수 있도록 만든 챗봇은 어떤 데이터로 어떻게 학습시키느냐에 따라 심각한 결과를 초래할 수 있다는 것을 보여 줍니다.

2021년 초 우리나라에서도 인공지능 챗봇 '이루다'가 혐오 발언뿐만 아니라 개인 정보 유출 논란까지 일으켜 20일 만에 서비스를 중단했습니다. 도대체 인공지능 챗봇이 이런 문제를 일으키는 이유는 무엇일까요?

» 인공지능 챗봇은 《
학습한 데이터를 반영했을 뿐

챗봇은 어떤 원리로 대화를 할까요? 인간의 대화를 분석해 보면 상대방의 의도를 파악하고 상식과 그 사람과의 이전 관계를 기반으로 적절한 발언을 합니다. 이를 인공지능으로 만들려고 다양한 시도를 하고 있는데, 여기에서 가장 기본은 상대방 발언에 대해 미리 준비되어 있는 문장 중에서 가능한 답변을 선택하는 것입니다. 이렇게 단순한 방법이 실제로 작동할까 의구심이 들겠지만, 인간 사이의 대화도 매번 상대방의 발언을 분석해서 적절한 답변을 새로 만들지는 않죠. 특히 고객을 응대하는 챗봇이라면 소비자들이 기업에 궁금해하는 질문이 패턴화되어 있기 때문에 가능한 질문과 적당한 답변의 쌍이 미리 준비될 수 있습니다. 기업 입장에서는 완벽한 대화는 아니더라도 인건비 절감과 24시간 대응의 목적을 달성할 수 있습니다.

그런데 질문과 답변의 쌍을 충분히 준비할 수 없다면, 대화 중에 얻어진 답변을 지속적으로 보충하는 방법이 좀 더 다양한 대화를 가능하게 합니다. 챗봇을 학습시킨다는 것은 이런 의미입니다. 최근에는 딥러닝이 도입되어 단순히 문장의 쌍을 직접 저장하는 대신에 복잡한 모수화를 통해 좀 더 다양한 대답이 만들어지도록 하고 있습니다. '이루다'의 경우에는 축적한 데이터에서 이용자들이 어떤 말을 할 때 가장 적절한 반응을 할지를 학습시켰습니다. 이때 데이터는 다른 앱 서비스를 통해 수집한 연애 대화와 일상 대화 내용을 사용했는데, 여기에 삭제되지 않은 개인 정보가 일부 포함되어 문제가 커졌습니다.

》사람들의 윤리 수준과 함께《 고도의 인공지능이 필요해

인공지능 챗봇은 분명한 장점과 함께 심각한 문제가 있습니다. 답변 생성에 사용되는 데이터가 제한되어 있기 때문에 학습되지 않은 질문은 처리할 수 없습니다. 이를 해결하려면 필연적으로 많은 양의 새로운 대화 데이터가 필요합니다. 그런데 이 데이터를 제공하는 사람 중에는 차별과 혐오감을 주는 일상 대화를 하고, 경우에 따라서는 장난삼아 문제 있는 발언을 하는 사람도 있습니다.

따라서 챗봇의 학습에 사용하는 데이터를 정제하는 작업이 수반되어야 합니다.

또 인공지능 알고리즘도 제공된 데이터를 무분별하게 사용하는 것이 아니라 사회적 규범을 지킬 수 있도록 고도화되어야 합니다. 앞으로 윤리적이고 상식에 맞는 대화를 하는 인공지능 챗봇을 기대해 봅니다.

38

인공지능 판사의 판결에 따를 수 있을까?

인간은 늘 편견에 빠질 수밖에 없습니다. 법은 만인 앞에 공평하고 공정해야 한다고 하지만, 종종 이런 편견이 개입된 판결에 수긍하지 못하는 경우가 있습니다. 이럴 때 떠오르는 게 인공지능이지요. 인공지능이라면 법의 판결에서도 공정하지 않을까 기대하게 됩니다. 그런데 인공지능이 왜 그런 판결을 내렸는지 이유를 설명할 수 없다면 어떻게 될까요?

인공지능 판사에 대한 기대가 큽니다. 사람의 판단은 때로 완벽하지도, 정확하지도, 공정하지도 못하기 때문입니다. 그래서 인공지능을 도입하면 모든 사람에게 신뢰받는 공정한 판결이 가능할 것이라 생각하지요. 실제로 미국 법원에서는 선고 형량이 판사에 따라 달라지는 것을 막기 위해 인공지능 '콤파스'를 도입했습니다. 인공지능이 피고인의 재범 위험성 점수를 산출하고 그것을 판사가 여러 사정과 종합해서 최종적으로 형량을 정하는 것입니다. 그러나 인공지능이 산출한 결과에 대해서는 그 이유를 설명할 수 없다는 한계가 있습니다.

이 인공지능은 과거의 수많은 범죄 기록을 반복 학습해 재범 위험성을 산출합니다. 따라서 기존 척도에서 고려되지 못한 수많은 변수를 계속 학습하는 과정에서 더 정확해질 여지가 있습니다. 그러나 이런 방식의 인공지능은 인과 관계가 아니라 확률적인 상관 관계만 추출하기 때문에, 결과를 어떻게 도출한 것인지 명확히 설명할 수 없습니다. 인간보다 공정하게 사심 없이 판결하리라 믿었던 인공지능이 실제로는 어떤 근거로 판결했는지 설명할 수 없다는 것입니다. 도대체 인공지능은 어떤 근거로 판결을 내리는 걸까요?

» 인공지능이 학습하는 《
과거 판례에 이미 편견이 있어

인공지능은 판례 검색과 증거 분석에서 효율적이고 객관적이라는 기대를 받습니다. 그러나 과거의 데이터를 객관적으로 반영한다는 인공지능의 학습에 사용하는 데이터에 이미 일정 수준의 편견이 들어가 있습니다. 백인 남성의 데이터 위주로 학습한 인공지능이 흑인과 여성 등 소수자를 구조적으로 차별하고 배제하는 사례는 수없이 보고되고 있습니다.

미국의 거대 온라인 상거래 업체인 아마존은 지난 10년간의 데이터를 바탕으로 지원자들의 이력서를 검토해 채용 적합도를 판단하는 인공지능 시스템을 2014년 개발했습니다. 그런데 이 인공지능이 여성보다 남성 지원자를 더 선호한다는 보도가 이어졌습니다. 여성이라는 말이 포함된 이력서에는 감점을 주었다는 것이지요. 그 결과 시스템이 도입된 1년 동안 인공지능이 추천한 지원자 대부분이 남성이었어요. 이에 따라 이 프로젝트는 결국 폐기되었습니다. 그럼에도 미국의 인사 담당자들은 한 설문 조사에서 향후 5년 이내에 인공지능이 채용에 중요한 역할을 할 것이라고 밝히기도 했습니다.

공정성과 효율성에 대한 높은 기대로 사법 영역에도 인공지능의 개입을 요청하고 있지만, 결과는 역설적입니다. 선택을 자동화하고 결정 권한을 인공지능에 위임하는 것은 사람의 권한과 책임, 조정권마저 인공지능에 넘기는 결과가 될 수도 있겠지요.

우리는 인공지능과 함께할 수 있을까?

또 데이터를 기반으로 만들어진 인공지능은 결과에 대한 설명을 하지 못하는 경우가 많습니다. 인공지능 기술 중에는 결과를 도출한 과정을 명백하게 알 수 있는 것도 있지만, 최근 성능이 높아 관심을 끌고 있는 딥러닝 모형은 내부를 이해할 수 없습니다. 재판은 쉽고 간단하게 답이 나오지 않는 복잡한 사람들 간의 다툼과 사회적 갈등을 조정하기 위해 만들어 낸 제도입니다. 이런 문제에 내부가 불투명한 인공지능은 또 다른 문제를 야기할 수 있을 것입니다. 따라서 부분적으로는 인공지능의 도움을 받지만, 앞으로도 여전히 사람이 관여하는 방식이 될 공산이 큽니다. 일단 인공지능이 비대면 조정 결정을 한 후, 이의를 제기할 경우 인간 판사가 판결을 내리는 방식이 대안이 될 수 있습니다.

》 설명 가능한 《 인공지능을 만드는 것이 필요해

법률뿐만 아니라 의료나 금융처럼 결과에 대한 이유가 반드시 설명돼야 할 분야는 많습니다. 이를 위해서 미국 국방성 산하 기관인 고등연구계획국(DARPA)에서는 높은 성능을 유지하면서 설명이 가능한 기계학습 방법을 개발하고 있습니다. 크게는 '설명 가능 모델'과 사용자를 위한 '설명 인터페이스'로 나뉩니다. '설명 가능 모델'은 기존의 기계학습 기술을 변형하거나 새로운 기계학습 기술을 개발하여 학습 능력을 유지하면서 설명을 가능하도록 하는 것입니다. '설명 인터페이스'는 인간-컴퓨터 상호 작용 기술을 이용하여 모델의 의사 결정 결과를 사용자가 이해할 수 있는 방식으로 설명하는 것입니다.

인공지능이 다양한 분야에서 활용됨에 따라 인간이 더 효율적이고 편리하게 인공지능과 상호 작용하는 기법에 대한 관심이 커지고 있습니다. 설명 가능한 인공지능은 법률, 의료, 금융 등 다양한 분야에서 사용자로부터 신뢰를 얻고 사회적 수용성을 높이게 될 것입니다. 투명한 판단을 내리는 인공지능이 꼭 필요한 이유입니다.

39

우리나라의 인공지능은 몇 등이나 할까?

TV 프로그램인 〈누가 누가 잘하나〉는 매주 예선을 거친 사람들이 출연해 동요 실력을 겨루어 으뜸상을 뽑고, 연말에 대상을 뽑습니다. 십년도 넘게 지속해 온 장수 프로그램인데, 노래 실력에 따라 순위를 매기는 재미가 쏠쏠합니다. 인공지능도 세계 여러 나라에서 앞다투어 만들고 있으니, 누가 얼마나 잘하는지 궁금하네요. 과연 우리나라는 몇 등이나 할까요?

인공지능은 인류의 생산성을 혁신적으로 높일 수 있는 기술입니다. 그러다 보니 세계 각국에서는 인공지능의 중요성을 인식하여 국가 차원에서 전략을 수립해서 주도권을 잡으려고 혈안이 되어 있습니다. 중국은 일찍이 2017년에 AI 비전을 선언했고, 독일은 2018년에 연방 내각 회의에서 AI 전략을 의결했습니다. 미국도 2019년에 대통령이 직접 AI 이니셔티브에 서명했습니다. 우리나라 역시 2017년 4차 산업 혁명 위원회를 출범하고, 2018년 AI 연구 개발 전략, 2019년 데이터·AI 경제 활성화 계획을 연이어 발표했습니다. 경쟁적으로 인공지능을 개발하는 나라들 가운데 우리나라는 몇 등이나 하는지 궁금하지 않나요?

» 전통의 강자 미국 « 떠오르는 추격자 중국

사실 인공지능 분야의 순위를 매기는 것은 쉬운 일이 아닙니다. 수학능력시험 같은 학력 평가를 할 수도 없을 뿐만 아니라, 지능

우리는 인공지능과 함께할 수 있을까?

을 단순하게 비교할 수 있는 척도가 없습니다. 또 인공지능 안에서의 분야만 해도 시각 지능, 언어 지능, 학습 지능, 복합 지능 등 다양해서 그 모두를 아우르는 순위를 따지기가 여간 어렵지 않습니다. 그냥 사람들의 머릿속에 있는 주관적인 평가를 종합해 보면 대충 미국, 유럽, 일본, 한국, 중국의 순으로 순위를 매겨 볼 수도 있겠습니다.

하지만 좀 더 객관적인 평가를 하려면 각국에서 발표하는 논문과 특허의 수, 투자 규모, 관련 기업 수 등을 따져 볼 수 있습니다. 이에 따르면 전통적으로 오랫동안 다양한 시도를 해 온 미국이 압도적인 우위를 차지하고 있습니다. 연구자의 수나 연구의 양과 질에서 인공지능 연구를 선도하고 있고, 수많은 IT 기업에서 인공지능을 활용하여 다양한 서비스를 출시하고 있습니다. 최근에 그 뒤를 바짝 뒤쫓고 있는 나라가 중국입니다. 중국은 정부가 연구 개발과 인재 양성에 깊이 관여하고 일부 선도 대기업을 집중 지원하여 빠르게 미국의 지위에 도전하고 있습니다.

그 뒤를 이어 유럽과 일본이 따라가며 각축을 벌이고 있습니다. 인공지능의 본산이라고 할 수 있는 영국은 기초적인 분야에서 강점을 보이고 있고, 유럽의 다른 나라들은 인간 두뇌 인지 형태의 지식 처리와 로봇 기술의 개발에 인공지능을 적극적으로 도입하고 있습니다. 일본은 5세대 컴퓨터 프로젝트로 획득한 논리를 기반으로 한 인공지능 기술에서 두각을 나타내고 있습니다. 특히 저출생과 고령화 등의 사회 문제를 해결하기 위해 인공지능을 적극적으로 활용하여 경제 사회적 변화를 도모하고 있지요.

》 우리가 《
인공지능 선도국이 되려면

사실 우리나라는 오랜 기간 인공지능을 등한시해 왔습니다. 인공지능을 만든다는 것이 얼마나 어려운 일인지 모르고 지킬 수 없는 약속을 하다 보니 우리나라 초창기의 인공지능은 허풍의 대명사로 치부되었습니다. 국내에서도 1980년대에 미국에서 공부한 학자들이 돌아오면서 일찍부터 인공지능을 시작하긴 했지만, 사람들의 관심에서 소외된 상태에서 몇몇 개인의 의지에 의해 명맥이 유지되었습니다. 분야도 패턴 인식이나 전문가 시스템 등에 국한되어 지지부진한 수준이 장기간 계속되다 보니, 개별 기술의 실력이 부족하다기보다는 저변 확대를 통한 발전을 도모하기 어려웠습니다.

그렇다면 인공지능 선도국이 되기 위해서는 어떻게 해야 할

우리는 인공지능과 함께할 수 있을까?

까요? 우리나라는 국민들의 교육 수준이 높고 최신 기술에 대한 수용성이 큽니다. 또 세계 최고의 정보 통신 인프라와 반도체를 포함한 제조 기술에서 높은 경쟁력을 보유하고 있고, 국가적인 위기를 잘 극복한 경험을 갖고 있지요. 이를 기반으로 인재를 키우고 기술을 개발하여 인공지능의 기반을 튼튼하게 구축하고, 산업과 사회 전 분야에서 인공지능을 활용할 수 있어야 합니다. '빨리 빨리' 문화라고 알려진 변화를 선도하는 사회적인 분위기를 잘 살린다면 세계적인 수준의 인공지능 경쟁력을 확보할 수 있을 것입니다. 세계 최고의 인공지능 국가를 만드는 데 여러분도 동참해 보지 않겠습니까?

40

2045년이면 인공지능이 인간을 지배하게 될까?

인공지능의 발전이 눈부십니다. 이렇게 발전하다 보면 곧 인간을 지배하는 인공지능이 나올까 걱정이 될 지경입니다. 영화 〈매트릭스〉나 〈터미네이터〉에서 그리는 암울한 세상이 실현될까 봐서요. 혹자는 2045년이면 인공지능이 인간의 능력을 뛰어넘는다고 하는데, 결국 인공지능이 인간을 지배하게 될까요?

공상 과학 영화를 보면 인간을 공격하는 인공지능 로봇이 등장합니다. 두렵기도 하지만 혹시 일어나더라도 먼 미래의 일일 것이라고 안심하지요. 하지만 최근의 인공지능은 스스로 학습하고 사람과 다르게 배운 내용을 잊지 않습니다. 또 학습하는 데 피곤함을 느끼지 않으니 시간이 지나면 지능의 폭증으로 이어지리라 예상됩니다. 이런 지점을 '기술의 특이점'이라고 합니다. 즉 인공지능이 발전하여 모든 인류의 지성을 합친 것보다 더 뛰어난 초지능이 출현하는 것입니다.

오래전부터 특이점을 주장하던 미래학자 레이 커즈와일은 2045년이면 초지능이 출현할 것이라고 예상합니다. 초지능은 인간을 멸망시킬 수도 있고 영생불멸의 길로 이끌 수도 있습니다.

하지만 특이점에 반기를 드는 전문가들도 있습니다. 이들은 기업과 언론이 만들어 낸 인공지능에 대한 신화가 너무 퍼져 있을 뿐 인공지능이 인간과 같은 사고 방식을 갖는 것은 불가능하다고 합니다. 기계학습을 통해 방대한 데이터 안에서 유용한 정보를 추출할 수는 있지만, 궁극적으로 사람보다 똑똑하다고 말할 수는 없다는 것입니다. 과연 2045년이 되면 어느 쪽이 옳은지 판정이 날까요?

» 기술의 특이점은 «
기하급수적인 변화를 이끈다

기울기가 다른 두 함수는 언젠가 만나게 됩니다. 인류의 탄생 이래로 인간의 지성이 점진적으로 향상되어 왔음을 부인할 수는 없습니다. 그런데 인류 역사에 비춰 볼 때 아주 최근에 시작된 인공지능은 이제까지 볼 수 없었던 엄청난 속도로 발전하고 있습니다. 결국 언젠가는 두 곡선이 만나고 궁극적으로는 인공지능이 뛰어넘는 시점이 올 것입니다. 문제는 그게 언제일까라는 것이지요. 레이 커즈와일은 수확 가속의 법칙, 또는 수확 체증의 법칙이라는 개념을 도입했습니다. 인간의 발전은 일정한 간격을 두고 균일하게 일어난 것이 아니라 기하급수적인 성장을 보여 준다는 것입니다. 결국 인간의 수명을 포함해 인간이 삶에 의미를 부여하는 모든 개념에 변화를 일으킬 것이라고 합니다.

따라서 인공지능의 발전이 기하급수적인 변화를 일으킬 수 있다면 미리 이에 대비하는 자세가 필요합니다. 초지능이 출현한다면 인류에겐 어떤 이점이 있을까요? 이제까지 인류의 지력이 부족하여 풀지 못한 많은 문제를 해결할 수 있을 것입니다. 예를 들어 암이나 치매와 같은 불치병의 치료나 고갈되는 에너지 문제를 해결하는 묘책을 찾으리라 기대할 수 있겠지요. 반면에 인류의 지성을 뛰어넘는 초지능에 대한 통제권을 상실한다면 어떻게 될까요? 모두가 상상하는 것처럼 인류의 안전에 큰 위협이 되어 결국 인간이 인공지능에 지배당할 수도 있을 것입니다.

우리는 인공지능과 함께할 수 있을까?

》 인공지능에 전적으로 의존하는 것이 《
지배당하는 것

하지만 정말 영화 속 장면처럼 지배당하게 될까요? 인공지능이 인간과 같은 생존 본능, 또는 욕구나 자의식을 가질 수 있게 될까요? 아쉽게도 이제까지 개발된 인공지능을 만드는 기술에서는 그런 기능을 성공시킬 만한 실마리조차 찾을 수 없습니다. 영원히 그런 기능은 실현될 수 없다고 장담할 수는 없지만, 적어도 지금 성공적인 인공지능이라고 칭송받는 사례나 학계에서 연구하는 기술을 종합해 보면 단언컨대 현재는 없습니다.

그러나 바둑이나 퀴즈처럼 특정 문제나 기능에 대해서는 인간의 지성을 뛰어넘는 인공지능이 계속해서 늘어날 것입니다. 이렇게 인간을 뛰어넘는 특수 인공지능을 모아서 인간에게 서비스한다면, 인간 입장에서는 마치 자의식을 갖고 욕구를 충족하면서 작동하는 것처럼 보일 것입니다. 사실 인공지능의 지배는 우리의 권한을 침해하는 것이라기보다는 인간 스스로 적극적으로 사용하고 의존하는 현상을 의미하게 될 것입니다. 인공지능을 이용했을 때보다 더 안전하고 편리하기 때문이지요.

막연한 공포심이나 기대감 대신 인공지능의 실체를 직시하고 잘 활용해서 더 행복한 삶을 꾸리는 지혜가 필요하지 않을까요?

질문하는 과학 09
우리는 인공지능과 함께할 수 있을까?

초판 1쇄 발행 2021년 12월 20일
초판 2쇄 발행 2022년 5월 20일

지은이 조성배
그린이 신병근
펴낸이 이수미
기획 달로켓
편집 김연희
북 디자인 신병근, 선주리
마케팅 김영란

종이 세종페이퍼 인쇄 두성피엔엘 유통 신영북스

펴낸곳 나무를 심는 사람들
출판신고 2013년 1월 7일 제2013-000004호
주소 서울시 용산구 서빙고로 35 103동 804호
전화 02-3141-2233 팩스 02-3141-2257
이메일 nasimsabooks@naver.com
블로그 blog.naver.com/nasimsabooks

ⓒ 조성배, 2021
ISBN 979-11-90275-65-1
      979-11-86361-74-0(세트)

• 이 도서는 한국출판문화산업진흥원의 '2021년 출판콘텐츠 창작 지원 사업'의 일환으로
  국민체육진흥기금을 지원받아 제작되었습니다.
• 이 책은 저작권법에 따라 보호받는 저작물이므로 저작권자와 출판사의 허락 없이
  이 책의 내용을 복제하거나 다른 용도로 쓸 수 없습니다.
• 책값은 뒤표지에 있습니다. 잘못된 책은 바꾸어 드립니다.